U0142143

最實用

圖解業務學

Top Sales 主管的機密工作筆記

江勇慶 著

書泉出版社 印行

作者序

相信你打開這本書閱讀的同時，也許正在思考著以下問題：

- 如何讓業績獎金更多？年收入如何破百萬甚至更多？
- 如何成為一名頂尖的 Top Sales ？
- 如何從眾多業務中脫穎而出成為業務主管？
- 有沒有一本書可以逐步教導我 Top Sales 之工作技巧及細節？

本書跟一般業務書籍的差異在哪？

同樣說明一個普通業務如何脫穎而出成為 Top Sales，但它記錄了所有 B2B ／ B2C 業務工作的實務做法與細節，這是一般書籍不會告訴你的。

本書提供給你的，不再是 Top Sales 常分享的那虛無飄渺的心法跟成功案例，而是直接給你釣竿釣到魚，扎實做好業務工作的每一步。

業務工作的每一筆訂單，常會有「魔鬼藏在細節裡」的情況；沒錯！本書給您的就是細節，教您如何駕馭魔鬼，穩當的開發並經營每一個案件，直到業務工作成功。

本書如何使用？

- 業務中高階主管／業務培訓講師

可使用它來進行教育訓練，並標準化業務的每一個工作流程細節，讓新人更快上手且更加專業；其中更可取得案況分析的工具及方法，並透過商機漏斗方式，盤點部門 Case，是一個符合中高階主管部門管理使用的書籍。

- 資深業務

請使用它來重新檢視自己，每一項工作流程中，是否因為習慣或其他因素，導致有一些影響業績的關鍵工作細節，已被疏忽許久。重新完整檢視一次自己的每個銷售流程，讓您的銷售技巧及業績更加卓越。

• 一般業務

在剛開始學習業務職務的過程，它會是一本很好的工具書及教科書，讓您用最細膩且系統的方式，快速理解 B2B ／ B2C 業務銷售流程的全貌，並透過珍貴的業務工作藍圖，學習產生業績的關鍵業務技巧。

克里斯

目次

第十六章 精準守價的報價技巧篇 083

第十七章 客戶疑慮排除技巧篇 089

第十八章 議價議約技巧篇 093

第一章
客戶名單開發技巧篇

1-1　客戶名單開發前的自我檢視

1-2　客戶名單開發方法

1-3　客戶名單來源

1-1 客戶名單開發前的自我檢視

1. 我有找到正確的方法開發客戶名單？
2. 我的客戶開發方法，有足夠完整且毫無遺漏嗎？

以下內容，筆者將提供您，最實務的客戶名單開發方式，讓您可以衍生應用到屬於自己的產業別；我們開始做第一篇幅的介紹，Top Sales 的業務成長之旅即將展開，加油！

客戶開發為每位業務夥伴的必經道路，因應開發客戶群的不同，可分為面對一般消費族群客戶（B2C）的開發，以及面對企業客戶（B2B）的開發模式，其中 B2B 又可分為國內業務及國外業務的開發模式。

B2C 開發模式可細分為緣故市場及陌生市場。緣故市場係指原先既有或認識的人脈關係市場，可能是親朋好友等；而陌生市場是最為考驗業務開發能力的市場，即為完全沒有認識人脈的前提下，與客戶進行關係的建立與締結。

B2B 的名單開發模式，如果為國內業務模式，則須依照產品屬性找尋終端使用的企業客戶，所以一來需精準找到客戶群的出現場景，如特定展覽、同業工會、工業區等，進而搜尋出目標客群名單加以開發及拜訪建立關係。

而 B2B 的國外業務工作模式比較大的差異在於，因客戶多於海外，故需花大量時間於網路進行資訊收集與開發郵件寄送，也需花更多的時間在內部進行海外客戶的電話開發。至於拜訪安排部分，則難以像國內業務機動性較高，快速安排即可出發至客戶端，國外業務需於一至兩週的時間內安排重點客戶，也許一季出差一次，進行密集的客戶拜訪或工廠參觀，所以國外業務的工作屬性會更多偏向於 Inside Sales 的形式，開發工作的模式及名單收集方式會略有差異。

1-2 客戶名單開發方法

作為一個業務工作者，有時商機來源仍需藉由大量開發，才足以支撐每月或每年之龐大壓力。對於成熟市場，如公司分配給您的老客戶產出有限，則僅有強化新客戶的開發技能，才能維持高額的績效獎金；倘若自身處於陌生市場，產品知名度不足且老客戶並不多時，則大量的客戶開發將成為提升個人收入及獎金之唯一解法。

然而針對業務開發工作，客戶名單的來源其實是一大學問，首先我們先彙整以下企業名單管道，先進行大方向的名單探索，後期再進行有效性篩選。

知識補充站

客戶名單的開發模式，因應不同業務模式會有所差異；倘若屬 B2C 模式，則需要找尋一般消費者族群的群聚地點，其中也需分析自家產品的目標客群（TA），進而區分細部的開發地點。以壽險產品為例，一般保險產品，大眾皆有可能購買，所以如何進行人脈網絡的擴展，方為一指標性工作，故加入許多地方社團——扶輪社、BNI（商聚人）、同濟會、青商會、獅子會等，或是公益組織——家扶中心、自閉症協會等，一來協助社會公益，二來累積大量人脈進而衍生可能商機，此為 B2C 常見的開發模式。

其中 B2C 個人品牌的建立更是關鍵，可於社群網路如 Facebook、Instagram、YouTube 進行個人文章、影片的分享，累積粉絲成為網路紅人，對於 B2C 的銷售模式而言，更是有十足的影響力及說服力。

B2B 的名單開發因應產品對應的企業窗口而有所不同。舉例來說，若今天銷售的產品為企業培訓課程或是人事出缺勤系統，則對口將可能是人事單位主管或管理階層主管，因人事常會出席一些聚會，無論是線上社團，或是人資主管較容易參加的線下研討會活動，都必須對這些瞭若指掌，如公司資源充足的情況下，更應該辦理相關窗口感興趣的研討會，透過活動邀請進而擴充客戶群的名單。另外，倘若今天銷售的是 ERP 系統，則對口將可能是公司的 IT 資訊部門主管、管理階層主管或採購、財務主管，所以針對不同的產品，B2B 銷售模式需要更精準的知道對應窗口是誰，進而展開名單開發的策略擬定。

而 B2B 名單開發模式有一個更為重要的，在於高層關係建立及開發的問答拜訪技巧，如操之得宜，則可能加快訂單的成交，可避免 B2B 常見的從下至上開發模式，一來經營時間拉長，二來訂單風險隨之提升。這個技巧的學習，我們放在後面章節，先不急著了解，依業務銷售流程逐步學習技巧，方可練就扎實的業務方法。

1-3 客戶名單來源

人力銀行——企業客戶名單

可透過 104/1111/518/Yes123 等搜尋關鍵字，找尋相關企業資訊及聯繫方式；其中聯繫窗口多為人事單位，後期將分享聯繫技巧及其好處。

舉例：假設今天您是銷售 2D 繪圖軟體 AutoCAD 的業務，則可以透過 104 搜尋 AutoCAD，找尋正在招募需要此軟體技能的工作職務，然後查詢該職務的應聘公司，即可以確定他們一定有在使用軟體，進而聯繫軟體使用狀況；然而倘若您是銷售其他 2D 繪圖軟體的業務，則一樣可以透過搜尋競爭對手的軟體名稱，來找到確實已經有在使用 2D 繪圖軟體的企業，進而嘗試經營並翻盤客戶既有的競爭對手產品。

行業公會／社團——企業客戶名單及個人客戶名單

可搜尋針對自身行業的客戶群，找其行業的同業公會或相關群體，聯繫選擇是否加入公會（有些公會須出示相關證明及繳納費用），或是直接選擇購買公會名錄（每個公會名錄費用不同）。

現階段有些社團也可能會有部分商機出現，像是扶輪社、獅子會、同濟會、青商會、BNI 或公益組織，也可能透過人脈經營的方式，進而找到直接或是間接轉介商機。

Google 同業公會

台灣科學工業園區科學工業同業公會
www.asip.org.tw/
公會介紹 · 申請入會 · 廠商資料 · 廠商動態 · 廠商物資流通 · 公佈欄 · 委員會園地 · 教育訓練 · 廣告贊助商 · 教室租借及活動 · 園區統計資料 · 網站連結 · 交通資訊 ...

旅行商業同業公會
www.tata.org.tw/
本會訂於108年4月2日舉辦『經營國外旅遊業者轉型操作國內旅遊Q & A』說明會，歡迎踴躍報名參加. 4 . 2019-03-11. 品保協會舉辦「小鎮漫遊年優質遊程徵選活動及 ...

台灣區電機電子工業同業公會- Taiwan Electrical and Electronic ...
www.teema.org.tw/
這個頁面上的內容需要較新版本的Adobe Flash Player。 取得Adobe Flash Player. 此為預覽列印模式，可選擇列印本頁或回前畫面. About TEEMA · Introduce to ...

同業公會 - Wikipedia
https://zh.wikipedia.org/zh-tw/工商組織
工商組織（團體），或曰商人組織（團體）。古代的「工」主要指手工業或手工作坊（原材料加工），也包含銅礦業、冶金等古代工業，現代的「工」多指重工業，「商」在古今都指 ...

台灣區乳品工業同業公會
www.dairy.org.tw/
2009 台灣區乳品工業同業公會. All Rights Reserved. Designed by: ISREAL.

工業區名錄——企業客戶名單

針對特定行業會有相關工業園區或是科學園區，有些園區會有服務中心，可直接取得園區內廠商名錄或是用購買方式取得。在網路搜尋該工業區的名稱，有時經濟部官方網站也會有該工業區的企業名錄資料，可供聯繫使用（如下圖所示）。

辦公大樓——企業客戶名單

針對辦公大樓的開發方式，可直接至大廳一樓拍攝各樓層辦公室公司名稱的看板，但因大部分辦公大樓皆有警衛設置，有些規定禁止拍攝，此時須透過些許拍攝技巧，以利取得開發名單。

中華黃頁網路電話簿——企業客戶名單及個人客戶名單

可透過網路搜尋依行業、地區、產品進行客戶名單搜尋，可有效針對自身區域進行篩選。

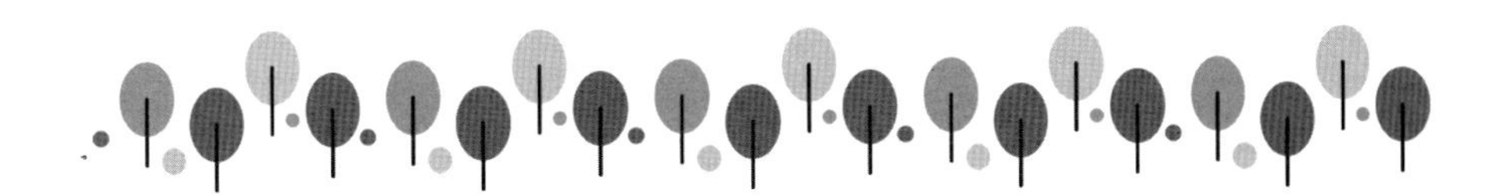

客戶介紹——企業客戶名單及個人客戶名單

透過老客戶的人脈及關係介紹，有可能是同行業的朋友，也可以是上下游的合作關係廠商，皆可列為可能的有效資源。

其中可以思考自身產品的競爭對手，或者是異業，但是對應的客戶窗口皆是相同者，亦可能討論成為策略合作夥伴，訂單成交後，雙方再進行分潤，也是一個相當好的方法。

舉例：如果今天您是做企業教育訓練的業務，通常對口都是企業的 HR 主管或職員，我們可以思考，究竟哪些行業可能跟我們接洽的窗口相同？答案是，像是銷售 HR 出缺勤、績效評估、人力資源轉型顧問等的廠商，他們接洽的窗口其實也都是 HR 單位，則您可以開始聯繫這些廠商，討論策略合作事宜，一方面提升商機接觸的廣度，二方面也可以幫自身公司找到可以透過傳達給策略夥伴的商機，進而可因分潤獲利的雙贏機制。

展會或新聞——企業客戶名單及個人客戶名單

通常企業會有相關的展覽可以參加，進而發表新產品增加能見度；所以業務們可找尋自己的客戶群，主要常參加哪一些展覽，進而透過展覽名單取得可能潛在的客戶聯繫資料，如下圖所示。

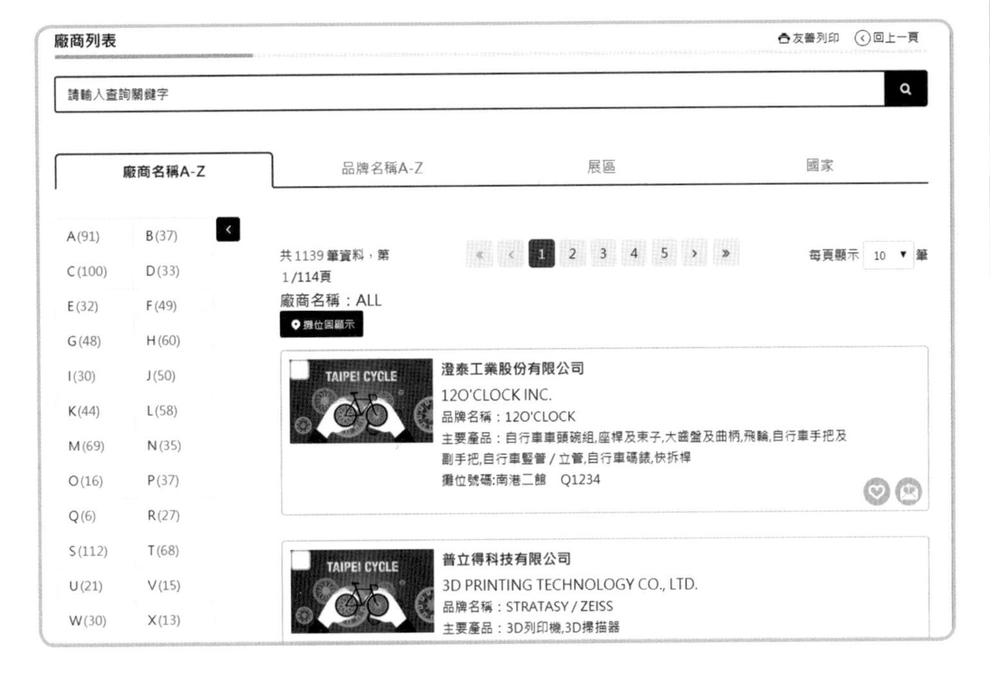

其中搜尋自己客戶的行業新聞，也是一個相當好的方式，除可以了解客戶行業的景氣、客戶財報狀況外，更可以查詢到一些自己過往沒有經營過的潛在客戶，也是經營特定產業客戶的良好技巧。

舉例：如果客戶都是自動化設備行業，則可以透過 Google 新聞搜尋，即可得到不少相關資訊。

掃街──企業客戶名單及個人客戶名單

這是最土法煉鋼的方法，當以上做法都無法讓你有效的認識及開發區域，則唯有進行機車或徒步拜訪園區或辦公大樓的方式，找尋客戶資訊並加以聯繫。其中掃街記得必須搭配地圖經營的方式，才能夠完整的進行區域分析及記錄，如下圖所示。

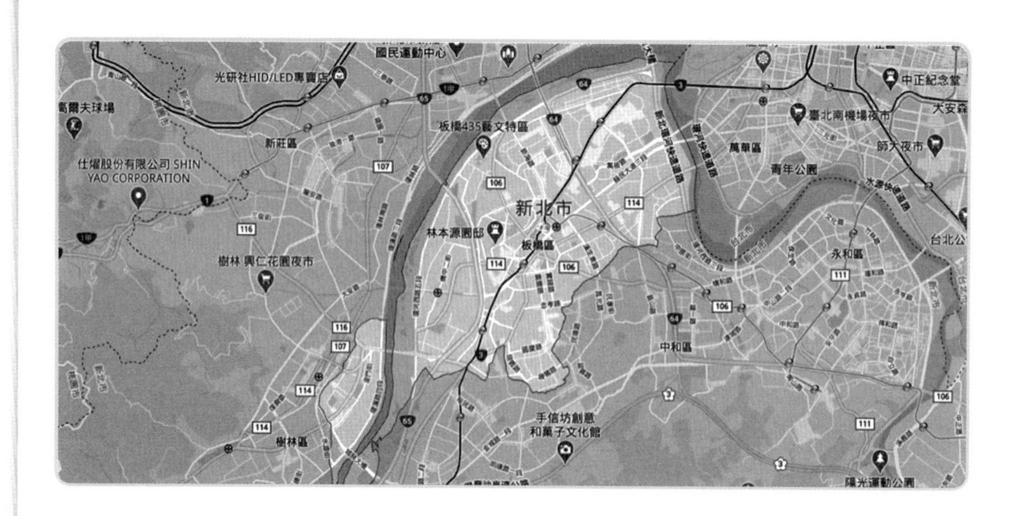

其中，如果是針對 B2C 經營方式的業務工作，掃街其實容易面對到小型企業或是門市的老闆，有些時候也可能經營到大樓的物業或是總幹事，都是可能的陌生市場觸及機會，但相對而言，必須對於陌生開發的技巧有一套自家產品的話術，避免讓陌生客戶沒有安全感或不耐煩，進而逃避與您的進一步接觸。

第二章

常見的業務單位客戶拆分方法篇

2-1 業務部客戶拆分方法

通常剛到公司報到的業務，可能面臨的第一個問題就是——「我可以經營的客戶群有多少？」、「我的田有多大？」；一般業務為何需要學會開發新客戶？

分享一下業務單位通常會有的幾種客戶劃分方法，條列如下：

區域劃分法

有的公司客戶是按縣市區域進行拆分，這類型分法通常就必須看區域肥沃程度，來判斷業務是否容易存活。

個人 Booking 法

即不按區域，按誰先開發到，則客戶歸誰所有，也就是一種「先搶先贏」的概念，通常這種機制比較不利於新人業務，因為可能較有產值的客戶已被資深業務們占有，此時新進業務的開發能力必須相當強，否則也不容易存活。

新老客戶法

即不按區域，新客戶開發由新業務進行，當新客戶成交後即轉由老客戶業務進行後續延伸產品線的推廣及客戶服務經營。

- 未接觸過，可能有潛在商機。
- 有接觸過，客層有潛在商機，但仍未有成交記錄。

- 有成交記錄，且可能每 1~2 年內都會成交。
- 有成交記錄，但超過 3 年以上未再成交過。

Major Account 拆分法

客戶資本額或員工人數大於一定數量時，則交由大型客戶業務進行深度經營；此種機制對於非大型客戶而言，較高金額的大筆訂單將較少在自己身上發生，需要靠大量的開發跟經營，來累積較多的訂單數，才足以達到獎金門檻。

2-2 客戶名單開發技巧——實務案例

因應上一節幾種常見的客戶拆分情況，同理可發現，無論哪一種拆分方法，原則對於新進的銷售夥伴而言，其不見得有利；唯有一個方法可以突破公司內部既有的限制，就是展開大規模的開發活動，找到一條業務藍海。

筆者曾擔任一公司的業務職務，因產品在市場能見度低，且銷售難度較高，導致公司一年內任此職務者，離職超過了 3 位業務，然而其他資深業務也因為既有的老客戶獎金已算優渥，而不願意進行轉換，故此職務就演變成傳說中的「屎缺」……；而當時我就是這一個職務的第四位新接任業務，一年的時間過後，這大家眼中的「屎缺」職務，讓我成為了亞洲區超過 1,000 位 Sales 中的 Top Sales，也讓我體會到賺獎金速度原來可以很快的方法。然而讓我能夠脱穎而出取得優渥獎金的，不單單是運氣，大量的「客戶開發」與細膩的「業務技巧」才是關鍵，所以我們一步一步來，第一步請大家先堅持住的就是「維持高度潛在客戶開發的活動量」，這是除了維繫老客戶關係外，另外一條能夠成就你業務生涯的關鍵道路！

至於何謂細膩的「業務技巧」？後文且讓我們逐步的帶各位夥伴學習與操作！

商機漏斗

一般業務團隊的商機管理，多採漏斗的概念逐一對客戶案況進行分類盤點，舉例剛開始如果開發接觸到 10 個有機會經營的客戶，那 10 筆客戶就位屬於漏斗（E 級）的最上方，接著隨著漏斗開始向下縮小，我們會開始進行篩選；假如 10 筆客戶內有 5 筆客戶目前有明確痛點，這時候我們就可條列 D 級客戶有 5 筆；其中如果 5 筆客戶中又有 3 筆客戶已經開始評估需求，則可調列為 C 級；如 3 筆客戶中有 2 筆已經完成評估，滿足高階共識、時程、預算等要件，但仍未達 100% 有下單把握，則可列於 B 級；然後如果該客戶確定能於當月下單者，則列於漏斗的最下方 A 級。

業務工作實務

通常每月業務團隊需自身檢視商機漏斗的數量是否正常，舉例如果 E 級有 20 筆，但 A、B 級 0 筆，這屬案件篩選跟案況經營效率的問題，需盡快推進案況，否則短期內不會有任何商機產生。

但如果今天狀態是 A、B 級有 5 筆，但 C、D、E 級商機數僅 1 筆，則這時候業務必須立刻有警惕，表示短期內會有商機產生，但後期業績將無法穩定產出，甚至會有一段時間的業績瓶頸產生，這也是一個需要有所警惕的商機狀態。

所以一個完善且健康的商機漏斗狀態，會是一個漏斗上緣（C → E 級）的商機數量每月持續不段的大量新增，然而漏斗下緣（A → B 級）則是不斷的有案件持續產出，這通常會是一個業績穩定的 Top Sales 基礎商機經營法則。

第三章
客戶管理方法技巧篇

3-1 客戶管理方法的自我檢視

1. 我在客戶名單管理上，有明確的管理機制嗎？
2. 若今天電話開發的客戶不在時，我日後能夠清楚的記得要再電話聯繫他，還是我有時候想起來才會聯繫？
3. 我可以分析篩選客戶的區域、商機嗎？
4. 我有一個具邏輯及制度的方式管理已存在的商機案件？

以下篇幅將進行商機管理的工具分享及欄位建議，可藉由下一節的範本作為自身行業商機管理的底稿，再進行個別需要去擴編欄位，以利後期分析使用。

客戶管理方法依不同銷售流程的長短而有所差異，舉例像是 B2C 的客戶，如果金額小，可快速進行採購的商品，也許每天／每週聯繫是恰當的，但倘若 B2B 的客戶，可能內部討論需 2 週時間，待老闆回國可能又需要 2 週時間，所以可能採每月或每 1 個半月的形式，是追蹤案況較理想且不易讓客戶反感的時間規劃方式。

客戶管理的一大重點可分為「客戶關係經營」及「案況持續追蹤」兩種，前者重點在於增進與客戶間的熟悉程度、信賴度及友好度，故我們可能會記錄客戶資訊，也許可包含客戶生日、客戶身體健康情況、客戶家庭情況等，進而隨時在客戶需要時給予及時的關心及協助，讓客戶對於業務員本身有著深刻及友好的印象。然而，後者則關注於商機案況的持續發展，須完整記錄案件關係人、預算、評估時程、現階段待處理（pending）訂單原因等。其中即時關注案件的重點在於，一來當案況生變時，可快速給予反饋及因應，二來是當競爭對手進入時，才能夠做足我方價值論述與差異化的工作，此兩者為需做足客戶管理的方法及原因。

3-2 客戶名單管理與分類

透過上一節的方法取得大量客戶資料後，接著必須開始分層進行客戶分類，如公司有系統可進行篩選，其為最佳方式，但倘若沒有，則建議將客戶建立為個人 Excel 試算表，並加以篩選分類，其中條列可參考方式如下：

最後更新日期	下次聯繫日期	客戶名稱	資本額	商機等級	縣市地區	職稱／聯繫人	聯繫方式郵件	案況
2020/2/1	2020/3/4	XX股份有限公司	200,000,000	A	台北市內湖區	總經理／江勇慶	09xx-xxx-xxx	客戶3/4評估完畢

最後更新日期

可幫助你篩選哪些客戶已經超過 1 個月或 3 個月未聯繫，可快速篩選保持客戶關係及案況追蹤。

下次聯繫日期

業務工作其實常出現的挑戰在於，當聯繫客戶，窗口不在或在忙時，後續聯繫上可能就會有所遺漏，故此欄位可幫助提醒自己下次聯繫時間，或是與客戶約好的聯繫時間。

客戶名稱

記錄下來以利後續使用 Ctrl+F 快捷鍵搜尋並查詢案況使用。

資本額

可透過經濟部商工登記公示資料查詢系統進行查詢，其中可透過資本額大小判斷該公司規模外，更可透過其董監事結構判斷，是否為家族企業，更可透過主要窗口姓氏與董事長姓氏是否相同，初步猜測是否為家族二代等作為案況判斷使用，如次頁圖所示。

經濟部商業司網站：https://findbiz.nat.gov.tw/fts/query/QueryList/queryList.do

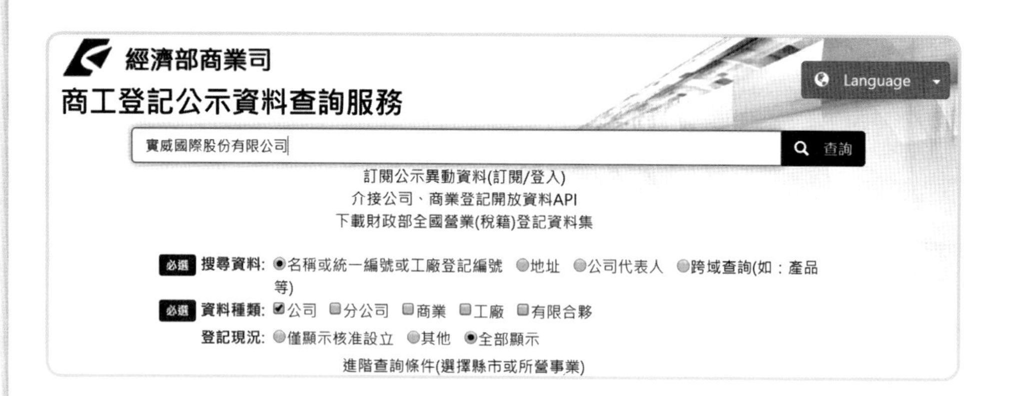

公司基本資料

統一編號	27746072 訂閱
公司狀況	核准設立 「查詢最新營業狀況請至 財政部稅務入口網 」
公司名稱	實威國際股份有限公司 Google搜尋 (出進口廠商英文名稱：SOLIDWIZARD TECHNOLOGY CO., LTD.)「國貿局廠商英文名稱查詢(限經營出進口或買賣業務者)」
章程所訂外文公司名稱	
資本總額(元)	350,000,000
實收資本額(元)	282,107,100
代表人姓名	李建興
公司所在地	臺北市內湖區行愛路78巷28號5樓之7 電子地圖
登記機關	臺北市政府
核准設立日期	094年07月07日

董監事資料(序號依據公司基本資料內容顯示)

最近一次登記當屆董監事任期：107年05月31日 至 110年05月30日 (有關董監事當屆任期，為公司辦理董監事登記時所提供之資訊，並非法定登記事項，且可能因公司是否進行改選而有變動。如需再行確認者，請另洽該公司或登記主管機關查詢。)

序號	職稱	姓名	所代表法人	持有股份數
0001	董事長	李建興		3,374,214
0002	董事	許泰源		2,367,753
0003	獨立董事	祝友軍		0
0004	獨立董事	王國強		0
0005	獨立董事	廖聰賢		11,000

商機等級 &Excel 下拉式選單設計方法

建議可將客戶可能的採購時間及案況進行分級，例如：

- 等級 A：預計當月可採購且本案具有清楚的高層共識、時程規劃、預算編列。
- 等級 B：預計可能 2 個月內採購，且本案具有清楚的高層共識、時程規劃及預算編列
- 等級 C：預計可能 3 個月內採購，本案高層共識、時程規劃及預算編列尚未完全釐清
- 等級 D：潛藏商機需求但仍需擴大痛點，持續經營。
- 等級 E：短期內無商機。

Excel 小技巧：可將上述等級分類設定成下拉式選單，如此即不用每次進行打字。設定技巧如下：

步驟 1：先建立選單的選擇內容，如 A → E。

	A	B	C	D
1				
2				
3			客戶等級	
4			A	
5			B	
6			C	
7			D	
8			E	
9				
10				
11				

客戶總表　下拉式選單

步驟 2：選擇商機等級的 A 欄位，選擇資料→資料驗證。

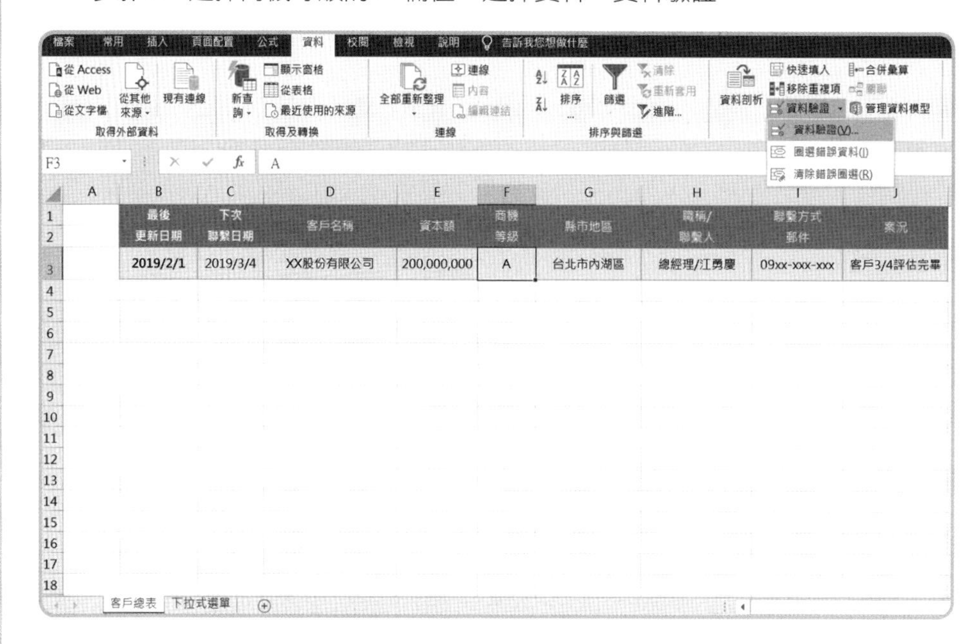

步驟 3：選擇清單→來源選擇剛剛輸入的 A → E，按下確認。

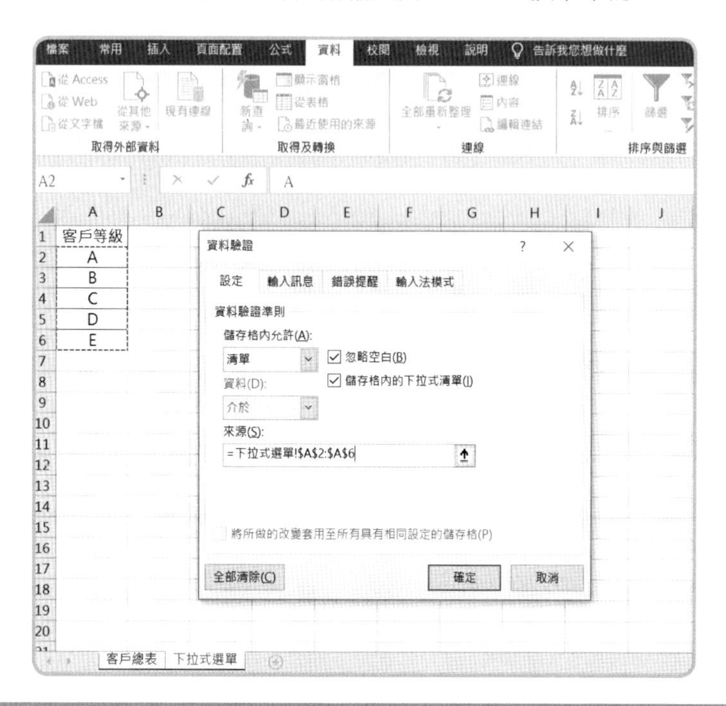

步驟 4：完成下拉式選單；可點選欄位右下角的「+」向下拖拉，以利後續表格使用。

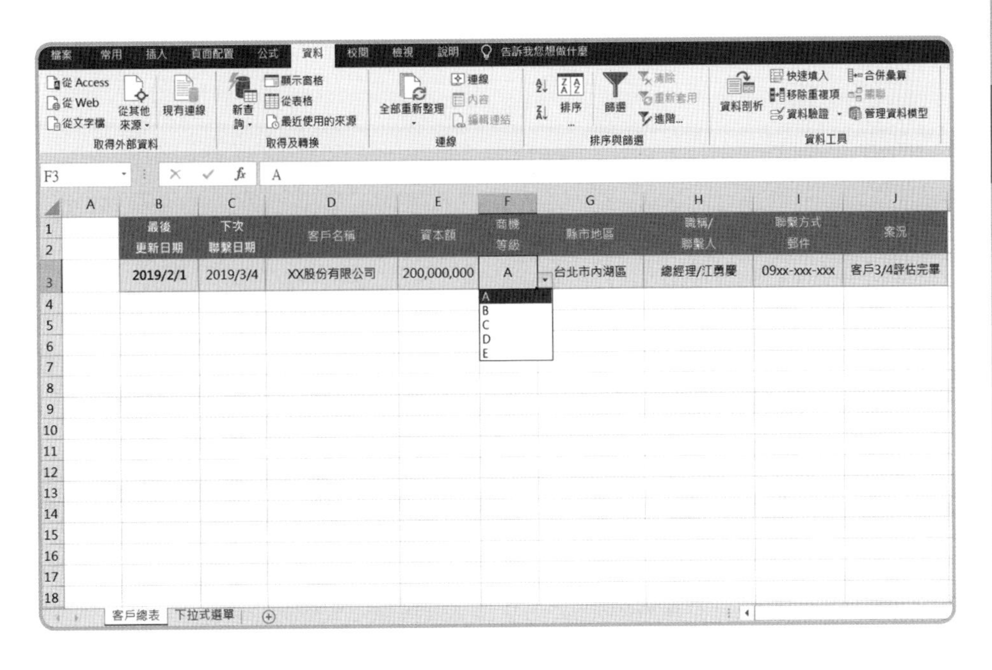

步驟 5：透過排序及篩選來進行客戶分析及開發。

檔案 常用 插入 頁面配置 公式 資料 校閱 檢視 說明 告訴我您想做什麼

貼上 剪貼簿 微軟正黑體 10 字型 自動換行 跨欄置中 對齊方式 通用格式 數值 設定格式化的條件 格式化為表格 儲存格樣式 樣式 插入 刪除 格式 儲存格 排序與篩選 尋找與選取

從 A 到 Z 排序(S)
從 Z 到 A 排序(O)
自訂排序(U)...
篩選(F)
清除(C)
重新套用(Y)

B1 最後

最後更新日期	下次聯繫日期	客戶名稱	資本額	商機等級	縣市地區	職稱/聯繫人	聯繫方式郵件	案況
2019/2/1	2019/3/4	XX股份有限公司	200,000,000	A	台北市內湖區	總經理/江勇慶	09xx-xxx-xxx	客戶3/4評估完畢

客戶總表 下拉式選單

縣市地區

針對客戶的位置區域進行記錄，可用於聚焦開發特定區域的時間節省。

舉例：今日有一個客戶約在台北市北投區，即可篩選出北投區的其他客戶，於一天內進行附近多個客戶拜訪，有效節省開發時間。

職稱／聯繫人

記錄聯繫人相關資料，越清楚越好；有時窗口會轉換工作至其他公司，說不定當時建立的窗口關係，在新的公司可以派上用場，產生商機。

聯繫方式／郵件

其中建議最好記錄手機或通訊軟體聯絡（如 LINE、Wechat、Skype），以利過年過節長期關係維護及客戶招呼；也避免窗口工作轉換後，僅留公司分機及郵件，是無法聯繫到人的。

案況

簡易撰寫案況，以利自身快速釐清並盤點商機；

例如：

- 高層共識／時程／預算明確，剩內部採購流程及議價，本月能關單。
- 預算尚未明確，初步確認需編列至明年度做採買，每月聯繫一次，確定預算是否編列無誤。

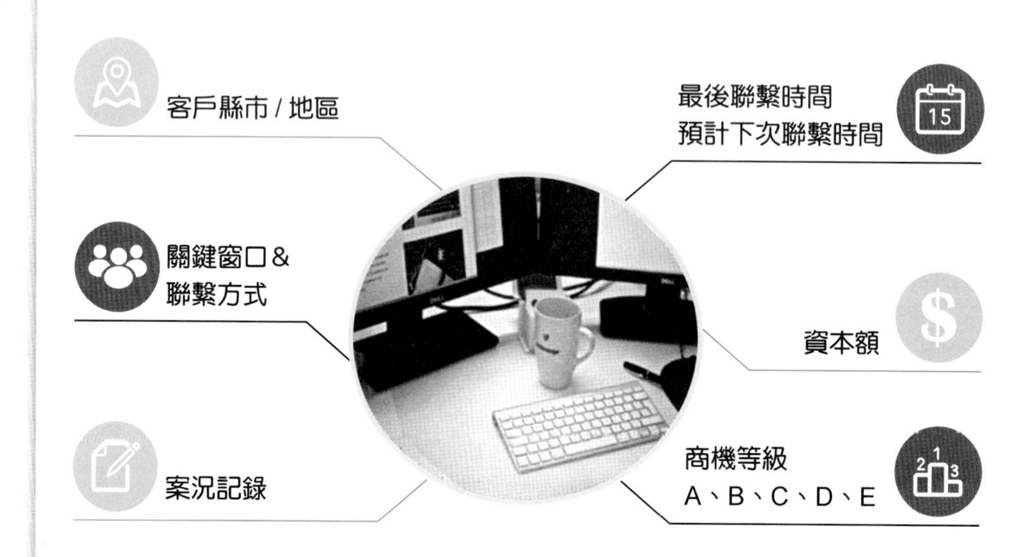

第四章

客戶管理 CRM 開發順序規劃

4-1 電話開發——客戶管理規劃

討論到關於客戶資料 CRM 的管理時，不少業務同仁會產生一個疑慮在於，現有客戶其實可分為老客戶跟新客戶，且可再細分為有產出跟沒產出的客戶，究竟如何地開發順序規劃，可讓我最有效的利用時間，快速產出業績呢？這邊關於客戶資料開發，依筆者的經驗，建議開發排序如下：

筆者克里斯回想過往業務工作中，其實相當排斥使用公司的 CRM 業務管理系統，時常感覺影響個人的工作效率，但當今天在系統環境下工作，則又會發現原來新老客戶的下單資料、客戶聯絡資訊管理上，有系統有時其實是加分的；然而，自行 Excel 的管理也並非不可行，只是 Excel 的使用跟維護需要相當大的人工時間消耗，且資料會讓公司及主管管理不易；但自行 Excel 管理衍生的好處是，相關的細節其實個人也會清楚，在沒有公司網域的限制下，可以更快速搜尋相關資訊。

客戶管理規劃的重點，在於協助業務人員可以快速熟悉自身所擁有的客戶群外，並能夠清楚開發對象的目標 定位，其中如何讓業務人員從中快速獲取業績，或是快速建立商機漏斗，方為一重要客戶管理指標。

一般對於剛接手區域或是客戶群的業務，建議開發流程可分四種：

1. 找出有持續交易的老客戶

快速建立自身與客戶間的關係，並想辦法讓客戶需求變得更多或是服務得更深，以此可有效確保業績的基本盤，並確立有產出的老客戶與自身建立起合作關係。

2. 找出沒有持續交易的老客戶

進行客戶聯繫及拜訪，釐清當時未持續與公司交易的原因，通常常見的問題可能是服務問題、驗收問題、產品不符預期、有更便宜的合作廠商、高層跟友商關係較為良好等，從中找出問題原因，並評估既有公司資源是否可協助消除客戶不願持續合作的原因，進而找出突破口切入，重啟與客戶長期合作的契機，此方為客戶關係管理建議的第二步驟。

3. 找出過往有聯繫但未曾交易的客戶

此類型客戶有個好處，在於窗口不需要另外尋找，且有聯繫過，可能對業務排斥性沒有這麼強烈，但開發需要關注的議題在於，此類型客戶通常窗口未進行採購，必有其原因，故須釐清未合作原因，必要時也須判斷是否為窗口問題，如確定有此情況，則建議開始經營轉換客戶新窗口，也需視商機跟案況，會有不同的走向。

4. 進行全新客戶的開發

此方法為以上三種類型都接觸完畢後，最後再進行的客戶管理規劃環節，此部分也為客戶經營上最辛苦且最耗時的環節，務必善用電話開發及拜訪技巧，確保每一次客戶接觸的機會，都可以衍生一次新的商機。關於電話開發技巧，後面章節將有教學，我們持續逐步的學習。

最後，先完善利用公司既有的資源，在不浪費資源的前提下，先進行盤點及聯繫，最後再進行新客戶開發，方為一業績產出較完善的客戶管理規劃。

4-2 客戶管理方法——實務案例

執行業務工作的時候，我們常會發現一種情況就是，為何我落實上述的客戶開發後，將潛在客戶開發的數量提升得相當高，但是實際上可以拜訪，甚至進一步安排到 Demo 卻少之又少？請問，這時候問題在哪裡？

其實問題出在你是否能夠精準的「分析／分類客戶」並「保持高效率的開發模式」；針對上述的工具表，其實主要目的在於讓業務團隊能夠快速辨別，自己正在開發哪一種屬性的客戶群？舉例：如果今天我的主力產品是高單價且適合 3C 或散熱風扇相關行業，我就可能會聚焦 3C ／散熱元件／ LED ／ IPC 等行業，並專注只開發資本額可能 2 億以上的客戶，這樣才可以明確知道我開發對象是正確的，而非所謂業務單位最害怕的亂槍打鳥式的開發模式。

其中如何保持高效率的開發模式，首先必須確認「聯繫時間」&「開發距離」有效使用；聯繫時間關鍵在於當今天欲開發的客戶不在座位上，我是否有追蹤表能夠明確知道，明天有哪一些客戶是我必須要重新追蹤的，避免開發工作的持續進行，而不斷遺漏了「不在座位上」或「休假」或「會議中」的重要窗口，有時候一通電話的差別，可能就是好幾百萬甚至千萬的訂單被競爭對手簽走，千萬別小看這一通電話的威力。

至於開發距離的有效控管，關鍵技巧在於假設今日上午要拜訪在桃園龜山的客戶時，就不應該安排下午拜訪宜蘭地區的客戶，舟車勞頓其實已大量消耗了開發時間；所以透過表單式的分析，可讓業務團隊聚焦在同區域的開發，不僅可以節省時間，也可以深耕該區域的客戶群，甚至有時可以發現產業聚落，進而透過相關行業的高層關係，將周遭商機一網打盡！

所以增加開發活動量外，再來第二步，我們討論的，就是透過客戶群的分類、管理及分析，開始找出關鍵的優先客戶群進行開發，並進行開發時間的優化，展開成為 Top Sales 的業務期初布局。

Demo 係指 Demonstration 的非正式說法，主要為產品或方案的演示，在業務推廣上對客戶進行產品演示或是正式完整介紹說明的階段，我們都會使用 Demo 這字眼進行說明。

其中 Demo 數量也是業務商機經營學中，很重要的業務商機管理數據指標之一，在後面章節我們將有細部說明。

第五章
開發時間規劃技巧篇

5-1　開發時間規劃前的自我檢視

5-2　開發時間規劃

5-1 開發時間規劃前的自我檢視

1. 我有時候覺得，業務工作的時間不夠用？
2. 我覺得我很認真的利用時間，但為什麼業績卻沒有反應出來我的努力？
3. 我想知道什麼樣的開發時間規劃，可以讓我的業績表現極大化？

以上是在執行業務工作中，每位業務時常會思考的問題；究竟我的時間分配是否正確，或是什麼樣的時間規劃才是最合適的？

我們將透過下一章節的表單說明，來讓讀者了解開發時間的極大化，我們可以怎麼做；並且每週都有確實的案況商機跟催作業。

開發時間管理是每個人在業務工作中，能否邁入 Top Sales 領域的一個基礎前提，唯有善用開發時間的人，才能將客戶經營及開發的基數放到最大；其中有幾個指標關鍵，是我們進行開發時間管理必須確保的前提：

1. 我是否清楚能夠接觸或開發到客戶的時間區間？
2. 對於該開發區間，我是否有專注運用到每 1 分鐘都在進行開發，而沒有做開發工作以外的事情？
3. 拜訪客戶時，我一定會將同區域客戶排為同一行程，將開發時間所產生的交通時間降到最低，避免開發時間的無謂浪費。
4. 業務工作中常見的內部會議討論、出報價單、會議記錄、客戶文件製作、資料查詢等庶務，我一定會盡量利用能接觸客戶以外的時間進行，絕不占用到客戶開發時間。
5. 除了開發時間、工作庶務外，我每天都會規劃一段時間進行今日開發技巧的檢討與修正。

最後，盡可能淋漓盡致地善用每 1 分鐘的開發時間，並搭配不斷精進修正的業務技巧，此為開發時間規劃下，邁向 Top Sales 成就的第一關卡及必須要件。

5-2 開發時間規劃

開發時間的管理對於業務而言格外重要，如何有效善用客戶的上班時間，往往是業績能夠勝過他人的主要關鍵；所以首先，我們必須先釐清三個問題，第一是在於「客戶可能會接電話的聯繫時間」，第二個是關於「潛在客戶（新客戶）聯繫上可能出現的挑戰」，第三個是「既有客戶的聯繫挑戰」，先將三個常見挑戰拆分出來後，進行明確的自行客戶狀態分析，範例如下。

倘若今日自身屬於 B2C 的行業，例如：像是房仲業，聯繫時間跟 B2B 完全不同，反而需要條列出來的會是客戶的下班時間或是假日時間，通常客戶會有較高的意願與您進行討論，但其中聯繫的挑戰一樣會有客戶忙碌或是不願多談等問題，這在話術設計上，必須不斷修正，才能找到吸引客戶願意進一步討論的方法。

客戶工作時間的重要性

客戶可能的聯繫時間

週一~週五 08:30-17:30
週一~週五 09:00-18:00

潛在客戶的聯繫挑戰

前台總機進行銷售電話的阻擋
窗口因為對業務感到陌生而不願多談

既有客戶的聯繫挑戰

客戶會議進行中
客戶出差至其他地區
客戶休假
客戶公司員工旅遊
客戶剛好不在位置上…

Date ______/______/______

第六章
開發時間一週技巧篇

6-1 開發時間規劃前的自我檢視

1. 非緊急情況，開立報價單等事務，不利用上班時間做。
2. 工作的分配最好全天一致，例如：全天於公司內部 Call 訪或全天外出，可較專注地進行工作執行，避免發散。
3. 拜訪或是排程工作進行時，一定盡可能把同區域的客戶安排在一天，否則南來北往的車程，將完全浪費掉寶貴的開發時間。
4. 非緊急情況，一般行政庶務不利用上班時間做。
5. 非緊急情況，客戶的導入建議／規劃書／效益書等文件，皆不利用上班時間做。

開發時間規劃前，建議執行流程可分成三種時段來進行，分別為：

1. 客戶開發前的暖身時段
先進行今日電話開發的客戶屬性及名單確認，必要時，先準備客戶聯繫的清單，切勿邊開發邊找尋客戶，此為開發工作上最無效率的執行方式；其中必要時建議先建立今日電話開發的底稿，確保今日電話開發能有一定的品質，避免因注意力降低而影響了電話開發的話術內容。
2. 全力衝刺的開發時段
此時間僅專注做開發跟案況、窗口資料記錄，建議一通接著一通持續的開發，切勿中途停下來做其他工作庶務，將會影響開發效率及品質；其中建議每聯繫 50-60 分鐘至少需休息 5 分鐘，以確保工作的專注力不會下降；然後以番茄鐘工作法的每 25 分鐘休息一次，個人認為對於電話開發工作而言，休息得過於頻繁，建議可依照自身的專注力狀況，彈性調整休息時間。
3. 工作庶務的執行時段
結束可以聯繫到客戶的時間區段後，再來利用非開發時段進行像是會議記錄、報價單、內部討論等相關事務的處理，以避免影響到開發工作的品質。

6-2 開發時間規劃

	一	二	三	四	五
09:00-09:30	審視 Call Out 名單錄音討論、經驗分享、話術演練				
09:30-12:00	跟進（提醒）A、B、C 級客戶	開發客戶的黃金時段			
12:00-13:30	更新業務 CRM 系統資料，並整理自己的開發報表				
13:30-15:00	開發黃金時段				
15:00-17:30	開發黃金時段跟進（追蹤）				A、B、C 級客戶
17:30-	報價單製作、會議記錄（LOU）製作、電子郵件行銷（EDM）寄出、比較表提出				

- 週一、週五進行 A、B、C 等級案件（3 月個內有機會關單案件跟進），追蹤後續進度。
- 一天共有 2 個時段適合進行開發作業，分別為 09:30-12:00、13:30-18:00。
- 每天建議規劃 30 分鐘審視前日的 Call 訪或拜訪話術內容是否需調整。
- 會議備忘錄或會議記錄（Letter of Understanding; LOU），為業務的最佳銷售工具，簡易製作大綱將於 CH7 進行完整說明。

克里斯這邊請問讀者一個問題，如果今天有兩個業務，一個業務每天準時上下班，一個業務每天加班 3 小時，請問哪一位業務的業績會最好？

答案是，不一定；一切看開發時間規劃的完整度跟執行率，最理想的狀態是，業務充分利用可以接觸客戶的時間，大量進行客戶開發新增商機數量，如果有許多有助於案況推進的文書作業，則利用個人或無法接觸客戶的時間來進行細部規劃、考量跟回覆，則這樣的業務才有可能真正達到業績數字的極大化。所以業績跟加班時間是否有直接關係？其實關鍵還是在於工作的效率及時間分配。

Date ______/______/______

第七章
開發客戶的 LOU 技巧篇

7-1 LOU 的撰寫技巧

會議備忘錄（Letter of Understanding; LOU）工具是銷售業務都必須熟悉且精通的工具，一份好的 LOU 將可以讓客戶看完後，完全掌握到您推薦產品的價值以及對他的好處是什麼，甚至可讓客戶跟您有共同的進度時間表，一起照時間推進案件評估的時程。

首先 LOU 的撰寫架構技巧，主要可分為以下項目：

1. 客戶目前面臨到需求上的挑戰是什麼？
2. 產生這些挑戰的原因？
3. 現階段的解決方法是什麼？
4. 我們建議的解決方案是什麼？
5. 後續需要關注的問題回覆及時間點安排？

簡易範例如下：

當客戶是 HR 目前正在評估人事出缺勤記錄的系統，則可能會出現以下 LOU。

1. 客戶目前面臨到需求上的挑戰是什麼？

   公司人員將近 100 位左右，但每月發放薪資需要計算出缺勤時，常面臨計算時間冗長與人工彙整表單出錯的問題。
2. 產生這些挑戰的原因？

   目前人事出缺勤，缺乏自動化的系統進行記錄及計算。
3. 現階段的解決方法是什麼？

   全數採用人工方式計算出缺勤，且打卡記錄全採用傳統打卡鐘。
4. 我方建議的解決方案是什麼？

   透過自動化的人事出缺勤系統，讓打卡可透過感應卡或是指紋方式進行，其中更可以透過系統直接計算出缺勤狀況，不須透過人工方式計算外，更可避免人工錯誤的問題。其中感應式的打卡也比卡鐘須排隊的狀況改善許多，提升打卡效率。

   誠如會議討論的，我方已在人事出缺勤領域著墨近 20 年時間，貴公司同類型的客戶，80% 以上皆已是我們的老客戶，經驗跟專業上可以放心；其中服務團隊的人數將近 10 人，每日皆有人在線上擔任客服，使用上不用擔心無人服務，另有專業的免費系統操作課程，讓 HR 團隊可以快速上手。價格上因本月有促銷方案，如本月有機會進行討論的話，將跟內部申請並提供本月優惠報價單給貴公司參考。
5. 後續需要關注的問題回覆及時間點安排？
   - 2020/1/31一當天提供 LOU 會議記錄留存。

- 2020/2/3—須提供優惠報價單作為參考。
- 2020/2/5—確認內部會議關於此需求討論的結果，並可能安排議價。

透過以上的簡易版 LOU，逐步讓讀者們理解大致架構寫法，其中需要關注的是，如果會議中能挖掘出更多的客戶痛點（指工作或生活上的不便處），則將會有許多的挑戰（LOU 架構第 2 點）及我們的建議方案（LOU 架構第 4 點）可以撰寫，能夠解決客戶的問題越多，則 LOU 影響客戶採購意願的能力會越強，所以撰寫 LOU 的前提是，是否已經完全訪談客戶並「完全理解客戶的需求與痛點」，此方為造就 LOU 具體關單影響力的關鍵。

當然 LOU 也有建議版本，在本書後面篇幅有介紹，先提供表格讓讀者預先理解：

股份有限公司——維護合約規劃　會議總記錄

項次	貴公司目前面臨的挑戰	我方建議的可行解決方案——後續規劃	貴公司與會長官／同仁
	使用需求列表		董事長 XXX
1			總經理 XXX
2			研發經理 XXX
3			IT經理 XXX
4			
5			我方與會團隊成員
6			專案業務 XXX
7			產品經理 XXX
8			
9			
10			
	後續評估所關心的項目		
1	XXX導入—介紹報告與效益表	2020/ /	
2	XXX導入—每季的實施進度表	2020/ /	
3	XXXX費用	2020/ /	
	維護合約評估——時間進度表		
1	結論製作與高層會報	2020/ /	

7-2 開發客戶時間規劃技巧——實務案例

根據筆者自己的實驗及訪談多位成功 Top Sales 的銷售經驗，找到了一個幾乎是成功關鍵的銷售時間規劃，就是「100% 的運用客戶的上班時間」。

從事業務工作時，幾乎每個業務都曾發生過的，在同一個時間點時，發生以下事情的需求，像是「客戶要求報價單」、「客戶希望安排 Demo」、「客戶要求安排工程師到場」、「主管要求做業績預測報告」、「主管要求檢討報告」、「客戶希望幫忙製作說明文件以配合內部會議討論」、「需要發會議記錄給客戶高層」、「客戶需要你提供競爭對手的比較報告」等。

請問以上情境發生時，通常我們會做出如何的時間分配，哪些工作優先，哪些工作會選擇暫緩？

根據訪談的結果，我們得到一個答案是，只要是跟開發時間有牴觸而且不能立刻取得訂單的工作，Top Sales 的選擇都是「等到下班時間後再來做」；一來可以有效專注開發不被其他庶務分心，二來可善用客戶的上班時間來找窗口，避免庶務做完要進行電話開發時，才發現客戶可能都已經下班及機會損失。

Top Sales 的開發工作習慣，分享如下：

1. 在開發工作展開前，已準備好當日開發的所有聯繫資料，不會邊開發邊查詢。
2. 開發客戶的規劃，會限縮或聚焦當天只進行 1-2 個相同行業或類型的客戶開發。
3. 開發不同行業前，會了解該行業現行的景氣、行業熱門新聞、相關股價、甚至是客戶現行績效狀態及新聞，以確保跟客戶有共同語言及話題，提升專業形象。
4. 開發前，會收集讓客戶對我們產品感興趣的話題，像是收集客戶同業或是同類型的人，那些人也是我們方案或產品的愛用者或老客戶，這類型資訊其實有時可引起客戶感到好奇，他們的需求原因或是為何會挑選我們？就可以有進一步的商機切入點。
5. 開發時，專注不被其他庶務或電話分心。
6. 完整的電話聯繫資訊記錄，確保可持續聯繫上客戶，避免遺漏。
7. 開發時間外，會利用休息時間與客戶餐敘或會議，建立合作的信賴關係與友好。
8. 每日盡可能會找時間盤點今日的開發技巧，並找尋修正的方向。

最後，如果開始執行以上工作習慣，則第一個會發現有所不同的在於，商機漏斗的建立數量會新增不少，且隨著開發時間拉長，商機案件的數量通常也會隨之增多。

第八章
預估自己業績技巧篇

8-1 業績預估計算——數據來源

不少業務團隊會認為，其實業績數字，一來靠努力，二來靠運氣，這是在業務團隊時常留傳的一句話，然後根據克里斯的個人經驗，其實這部分是可以計算的，只要先計算以下的歷史數據：

電話邀約 Demo 的命中率

假設平均60通電話可以邀約到3場Demo，則這樣電話邀約Demo的命中率就有5%。

Demo 轉成實質訂單的命中率

假設平均5場Demo可以有1張訂單成交，則這樣Demo轉成實質訂單的命中率就有20%。

年度總訂單的平均成交金額

假設去年共有16張訂單，訂單加總金額共有$16,000,000，則年度總訂單的平均成交金額$1,000,000。

Demo 產品演示的命中率，其實是業務技巧重要的關鍵評量指標，其中該命中率的提升方式，與下面幾點有密切關係：

1. 客戶篩選能力
   如果在業務開發階段時，可充分分析該客戶是否值得花費時間進行 Demo 安排，則將節省許多沒有產值的 Demo 數量發生，則 Demo 命中率也將隨之提升。
2. 客戶痛點的了解程度
   如果對於客戶的痛點掌握度不完全，在未完全透過訪談了解客戶具體需求及評估流程的情況下，通常直接進行 Demo 就是一種賭博的行為，有說明到他的痛點則加分，但讓客戶花時間坐在那聽你說明他不在意的事情，則在客戶心中會大幅度扣分，這將直接關係著 Demo 命中率的大小。
3. 產品價值論述的能力
   業務如果在產品演示時，能完全彰顯自身公司、服務、產品差異等其他價值，並完全結合客戶所在意的痛點，則演示的效果將大大加分，對於排除競爭對手的角度而言，也是一個增加競爭對手進入障礙的重要技巧。

8-2 實際計算方式

1. 預估法

假設我們希望今年能夠超越自己過往的業績記錄，如果提升到每月（22 個工作天）至少 660 通開發電話（換算每天 30 通），乘以 12 個月則取得年度 7,920 通電話。

欲計算可能的業績金額，採以下方式計算，即可自行預估如果開發活動力的改變，可能產生的年度業績：

年度電話通數 7,920 通 x 電話邀約 Demo 的命中率就有 5%
x Demo 轉成實質訂單的命中率就有 20%
x 年度總訂單的平均成交金額 100 萬 = 7,920 萬

2. 回推法

假設今年公司分配的年度目標為 2,100 萬，則將 2,100 萬／年度總訂單的平均成交金額 100 萬／ Demo 轉成實質訂單的命中率就有 20% ／電話邀約 Demo 的命中率就有 5%= 年度電話通數應至少 2,100 通。

2,100 通電話／ 12 個月 = 175 通（每月通數）

以算法說明，依照過往個人的訂單命中率及年度訂單平均金額，如果今年業績需達標 2,100 萬，每月電話活動量至少需達 175 通。

知識補充站

業績預估計算的目的，主要在於確保今年度的開發活動量與業績能夠相呼應，所以通常建議的計算時間會在每年 11-12 月，公司開始進行隔年度業務目標設定時，進行基礎估算，並了解如必須達到業績標準，則自身應該需要多少的客戶接觸及開發量，才足以支撐預計的業績目標。

其中計算中會用到相關成交命中率，建議參考前年度計算標準外，也建議盡可能下修至最低標準，避免高估了自身命中率而影響最低活動量的預估，此部分為進行業績預估尚需格外注意的要點。

Date ______/______/_____

第九章
陌生電話開發技巧篇

9-1　電話開發前的自我檢視

9-2　電話開發技巧

9-3　電話開發技巧——實務案例

9-1 電話開發前的自我檢視

1. 每一次陌生開發，我都能順利閃過總機，找到我要找的人？
2. 如果閃不過總機，我是否有很好的方式可以跳過總機，找到正確窗口？
3. 當我以電話找到正確窗口時，有時無法有效的吸引起窗口的興趣，而快速的結束了通話？

電話開發以 B2B 模式來說，是完全無法避免的一種開發途徑；如何有效切入到正確窗口，並快速引起窗口興趣，製造出商機，亦為一種業務技巧；下面章節將進行這部分的介紹。

開始進行電話開發前，我們須預先進行換位思考，才能讓電話開發工作上的命中率盡可能提升，其中針對 B2B 及 B2C 的電話開發前的換位思考有所不同，我們條列如下的進行分類：

B2C 的電話開發前準備

1. 我了解客戶願意或容易接電話的時間點。
2. 我理解客戶通常拒絕電話討論的主要原因。
3. 針對客戶不願意討論的主因，我有一套說法可提升客戶繼續電話討論的意願。
4. 我理解在電話中提供客戶什麼樣的好處或資訊，他們會願意繼續討論。
5. 我理解問什麼樣的問題，能讓客戶意識到自己其實有相關需求；過程中並非透過業務不斷的高壓式推銷，進而造成客戶反感。
6. 我理解怎麼樣的對談方式，能讓客戶願意跟我碰面，或是樂於我的再次聯繫。

B2B 的電話開發前準備

1. 我了解客戶總機的 KPI。
2. 我知道如何的講法或技巧，能順利避開總機並找到正確窗口。
3. 我了解窗口願意或容易接電話的時間點。
4. 我理解窗口通常拒絕電話討論的主要原因。
5. 針對窗口不願意討論的主因，我有一套說法可提升客戶繼續電話討論的意願。
6. 我理解在電話中提供窗口什麼樣的好處或資訊，他們會願意繼續討論。
7. 我理解問什麼樣的問題，能讓窗口意識到自己其實有相關需求；過程中並非透過業務不斷的高壓式推銷，進而造成窗口反感。
8. 我理解怎麼樣的對談方式，能讓客戶願意跟我碰面，或是樂於我的再次聯繫。
9. 我能在電話中詳細盤點客戶企業的預算機制、採購流程、過往方案或產品評估經歷、關鍵決策人等訊息。

9-2 電話開發技巧

一般以電話開發技巧而言，主要分成兩大領域，分別是「陌生開發」以及「商機探詢」；前者多著重在如何閃避總機阻擋及找到正確窗口，後者則關注於找到窗口後，該如何有效的進行商機探詢及關係建立。

業務為何需要閃避總機

因為對於總機的工作職掌而言，有效的阻擋推銷電話及陌生人士對內部人員的電話騷擾，是其工作一重要關鍵績效指標（Key Performance Indicators; KPI）；故對於業務來說，總機將成為企業電話陌生開發上，遇到的第一關大魔王。但不用怕，筆者將提供給你諸多技巧。

總機工作的 KPI

行政庶務	電話過濾	賓客接待
郵件寄送	精準電話轉接	客戶接待
會議室整理	協助電話留言	茶點提供
文具管理	**阻擋業務電話騷擾**	會議室安排
報章雜誌管理	**避免內部個資外流**	**公司重要貴賓記錄**
訂便當	…	…
…		

閃避總機的技巧全公開

第一招——坦誠相對法

不是所有總機都是壞人，總有少數會主動願意幫你轉電話進去內部，不妨先嘗試看看。

通常運用的說詞如下：

- 教育訓練課程及研討會通知。
- 我是合作廠商，有問題想要跟 XX 部門確認。
- 我之前跟 XX 部門的林／張／陳（亂猜）先生換過名片，因此回電給他。
- 目前有我們這行業重要的活動，需通知 XX 部門主管參加。
- ……

想必你已經遇到壞人，才會繼續往下看，且你的聲音已經讓總機化成灰都聽得出來，那我們就來繼續用其他方法進行開發！

第二招——我是面試者法

一般總機通常有一種人的來電不會擋，就是打電話來說「我有投貴公司履歷，剛有未接電話打來，所以我回覆電話；請問可以幫我轉人資嗎？」這時候通常總機避免影響了 HR 部門面試邀約工作，會順理成章轉進人事單位。其中如果可能，也可以先上 104 或是 LinkedIn 找尋該公司 HR 招募人員的中英文姓名，可讓電話聽起來更加明確，不容易讓總機有疑心。

如順利轉電話進去 HR 部門後，請各位業務夥伴記得，一開頭即說明「您好，我想找 XX 部門的經理，請問是您嗎？」，這時候人事單位接到會感到莫名其妙，請業務夥伴們再順勢說「那可能內部的人轉錯了，可以幫我轉一下嗎？謝謝！另外請問分機幾號，避免下次再打擾到您」；因為人事單位通常沒有阻擋電話的 KPI，所以很有可能直接協助轉電話至對的窗口。

第三招——隨機撥分機法

有些公司當電話打進去時，會主動說明各部門分機號碼，但倘若沒有你需要的部門分機，又為了閃避總機，此時可採用打分機去其他部門的方式，再展開下方流程；一開頭及說明「您好，我想找 XX 部門的經理，請問是您嗎？」，這時候其他單位接到會感到莫名其妙，請業務夥伴們再順勢說「那可能內部的人轉錯了，可以幫我轉一下嗎？謝謝！另外請問分機幾號，避免下次再打擾到您」；因為其他單位通常也沒有阻擋電話的 KPI，所以很有可能直接協助轉電話至對的窗口。

第四招——總機下班法

通常總機都是公司最早下班的人，待下班後再進行電話聯繫，通常容易由正在加班的同仁或主管代接，再順勢請問要找的窗口分機或轉接，也很有機會得到所需的相關訊息。

開發電話如何引起窗口興趣？

對於一般窗口而言，接到陌生的業務窗口電話，通常不會有太多的時間願意聽業務推銷，多半希望能夠在簡短 1 分鐘的時間內，聽到對於他個人而言，會有的「好處」有哪些？

所以哪些內容是電話中，可能可以引發客戶興趣而跟你深談的呢？

我們條列如下：

- 免費的內部健診。
- 免費的培訓課程。
- 免費的行業資訊提供。
- 免費的技術研討會。

- 針對第一次拜訪的客戶，公司有準備的小禮品。
- 介紹主要同行業的客戶應用資訊。
- 介紹主要競爭對手或上下游廠商的應用資訊。

可再試想自身公司有哪些資源，可包裝成給與客戶的好處，進而吸引客戶願意多花些時間聽你的訪談與商機探詢。

企業陌生開發技巧架構

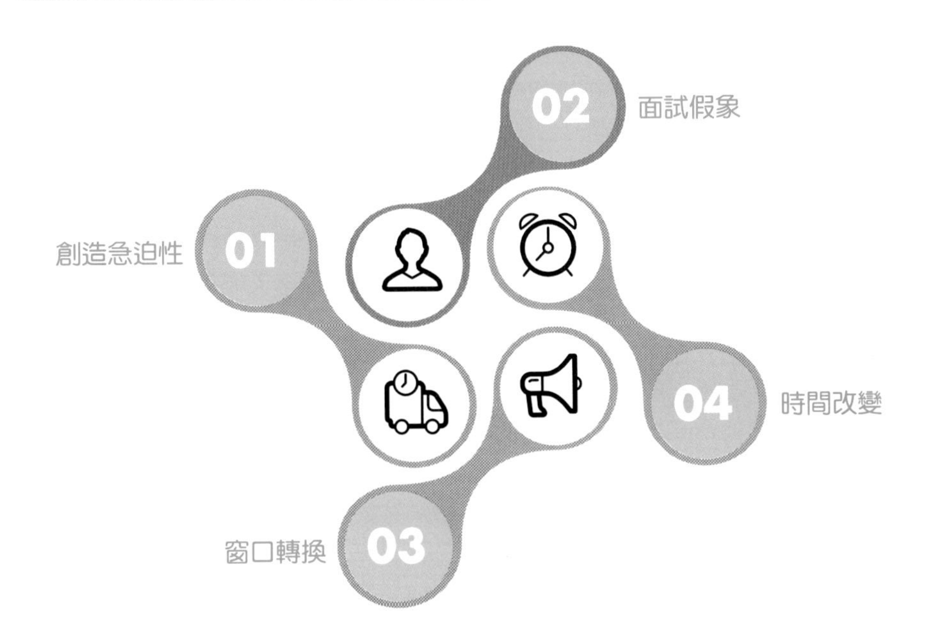

案例說明

克里斯在學習陌生開發的過程中，曾經遇過一間企業的總機，總是不願意幫忙轉電話給正確窗口，直到一日我再度打電話給她，這次我不請她轉電話，直接和她聊天，聽到她說：「其實我覺得你們業務也是很辛苦，一直打電話被拒絕，尤其像你的聲音都打到被我認得了……」接著我慢慢跟總機窗口訴說著自己工作的血淚史，突然觸動了該窗口的同情心，最後她默默地說：「好啦……我偷偷幫你轉，但千萬別說是總機幫忙的就好！」就這樣，克里斯人生第一次沒有透過技巧，讓總機幫忙轉電話的成功案例誕生了！所以，企業陌生開發的技巧，是否一定要遵循以上方法？其實不然，只要是「人」，總有些能夠動之以情的時刻。

9-3 電話開發技巧——實務案例

回想克里斯人生第一次當業務的時候，當時主管要求開始進行電話開發，而且不能打給老客戶，只能進行沒聯繫過的新客戶開發；記得拿起電話打第一通電話時，內心百感交集，不知道該如何是好，只按了通電話打去，總機接通後，我就很害羞的說：「請問是 XX 公司嗎？我想找貴公司 IT 經理」，此時總機回應：「請問你找他有什麼事情？你認識他嗎？你是業務要賣東西嗎？」，我又在默默地說：「您好！是的……我是業務，我想跟他介紹……」，就在這時候，我話還沒講完，電話已經被掛掉，我就這樣結束了人生第一通業務的陌生電話開發，接著我拿起電話要打第二通的時候，主管看不下去的問我，「你真的覺得電話開發就是打電話過去這麼簡單？你不覺得其實打電話應該有技巧、有套路，甚至於有一個打電話的底稿，讓你就算打到頭昏了，也可以照稿打電話！」

接著我開啟了電腦的 Word 檔跟 PPT 檔，開始製作了一套電話底稿跟 SOP，當客戶回答我 A 答案時，我可以怎麼接；當客戶回答我 B 答案時，我可以換個答法……，透過這樣有系統架構的完整訓練，2 週後我打電話，再也不需要電話底稿，因為已經被我完全熟記，至於如何躲過總機的掛電話攻勢，這件事情對我而言，已有各種方法可以突破。

其中筆者建議大家要關注的一件事情是，「越難被開發找到關鍵人的公司，越容易被總機阻擋的客戶，越是要想辦法突破」，原因很簡單，因為這個商機對於其他競爭對手的業務而言，都是相當高門檻的，一旦你成為優先或是唯一突破的業務團隊，很有可能就取得該商機的優先開發機會，甚至於能設立門檻讓其他競爭對手不容易被列入評估廠商，是一個相當好的契機。

知識補充站

電話開發技巧中，其實有一個相當重要的關鍵與過往我們常認知的不同在於，「業務人員必須學習怎麼問，能夠影響客戶意識到自身需求；而非業務人員僅學習單方面的講述，讓客戶進而有些反感」，所以在客戶開發操作上，我們建議，將想要說明的話語轉變成為問句，透過問題引導客戶從被訪談者，進而轉變為提問者，引起客戶興趣後再進行說明，此效果將大幅勝過在客戶不理解自身可能的需求前，業務展開大量的資訊提供，來得更加有影響力跟說服力。

所以在電話開發技巧上，如何「設計對的問題，能夠引起客戶興趣」，是一項每位銷售人員都必須學習的技巧，此技巧即是從傳統的產品銷售模式，轉化為較高竿的顧問式銷售模式。

第十章

拜訪客戶前需了解的商務禮儀實務篇

10-1 拜訪客戶前的商務禮儀自我檢視

1. 對於換名片，我理解著每一種換名片的技巧跟禮儀？
2. 對於握手的商務禮儀，我理解雙手握手、單手握手及異性握手的禮儀？
3. 對於搭乘電梯，我理解電梯內每一個位置的禮儀關係？
4. 對於走樓梯，我了解樓梯前後位置的禮儀關係？
5. 對於搭乘汽車，我理解內部人與外部人的不同，而有著不同的座位禮儀關係？

對於業務結束電話開發階段後，接踵而來的即是當面拜訪，然而如何拜訪可讓客戶感覺舒服自在，更可讓客戶高層感到你是個高級業務，完全仰賴的就是商務禮儀及個人關係的建立技巧；就讓我們從基礎商務禮儀開始介紹，避免在客戶端因為自己的無心之過，反而造成了客戶內心的不舒服而錯失商機。

商務禮儀的學習及執行上，其實亦有 B2C 與 B2B 的差異，其中 B2B 因涉及企業評估流程、職務位階、商務書信往來，因此需注意的細節更為重要。

其中商務禮儀，我們一般會關注的議題如下，各位讀者可先思考在平常工作時，是否會有以下相關的情境，以及自身是如因應的。

需注意商務禮儀的可能情境

1. 同性握手。
2. 異性握手。
3. 長輩握手。
4. 晚輩握手。
5. 長輩名片交換。
6. 晚輩名片交換。
7. 平輩名片交換。
8. 搭乘電梯。
9. 搭乘汽車。
10. 走樓梯。
11. 進會議室的座位原則。
12. 資料提供。
13. 個人外觀及服儀。

其中，商務禮儀因行業及公司文化，有些公司會有不同的操作方法，本書將提供大部分禮儀協會所建議的原則，作為各位讀者的執行準則，也讓基礎商務禮儀的學習，成為我們在客戶心中留下良好及專業印象的最佳利器。

10-2 商務禮儀技巧

當開始接觸客戶前，我們必須先進行一個議題的討論，即關於商務禮儀，讓「與客戶碰面」可以變成一個相當加分的行為，而非因為一些細節沒注意因而錯失許多商機。

其中幾個比較常見的商務禮儀如下：

握手

一般握手而言，如果是職稱或輩分是上對下，則位階較高者可選擇是否主動伸手握手，然後位階低者建議觀察位階高者伸手，我們才伸手出去回應，不應直接向位階高者伸手要求握手，此時將顯得相對失禮。

當對方為長輩或位階高者，有時會選擇用握雙手的方式握手，此時如業務屬位階低者，千萬別一緊張也跟著握上雙手；雙手握手意涵著長輩對於晚輩的一種鼓勵，若接著晚輩對長輩也握上雙手，可能將引起位階高者的心理不舒服。

對應女性握手時，須待女性主動伸手時才能與其握手；若女性未伸出手，而男性主動伸手，此為不禮貌之舉，敬請注意此細節。

換名片

換名片一般看位階；位階高者，名片從位階低者上方通過，進而進行交換；如雙方位階相同則平行交換，各自向右手邊遞上名片。

坐座位

座位一般依客戶端建議進行，然後當客戶端高層進而與會，未坐下前，請與客戶高層保持相同站姿，待其坐定後再隨同坐下；此舉乃對於客戶高層的敬意表示。

搭乘電梯

搭乘電梯時須關注位置，假設以一個方形進行四個區域的劃分，位階低到高分別從 1 表示至 4，讓讀者了解電梯之輩分位階；進電梯前，請務必先讓長輩或客戶進去，再隨後進去電梯，站在按樓層面板的位置。

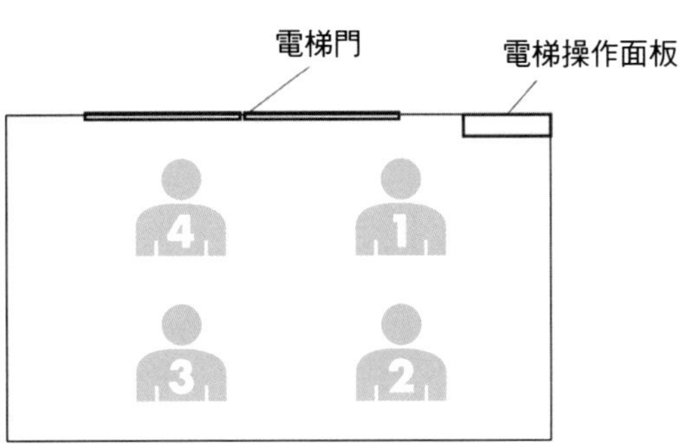

走樓梯

走樓梯時，商務禮儀以不要讓客戶或長輩摔倒為原則，當上樓梯時則站在客戶後面並以聲音指引其行走正確的方向；下樓梯時則走在客戶的前方，避免其摔倒。

搭乘汽車

搭乘車時則可以採下圖作為參考依據；

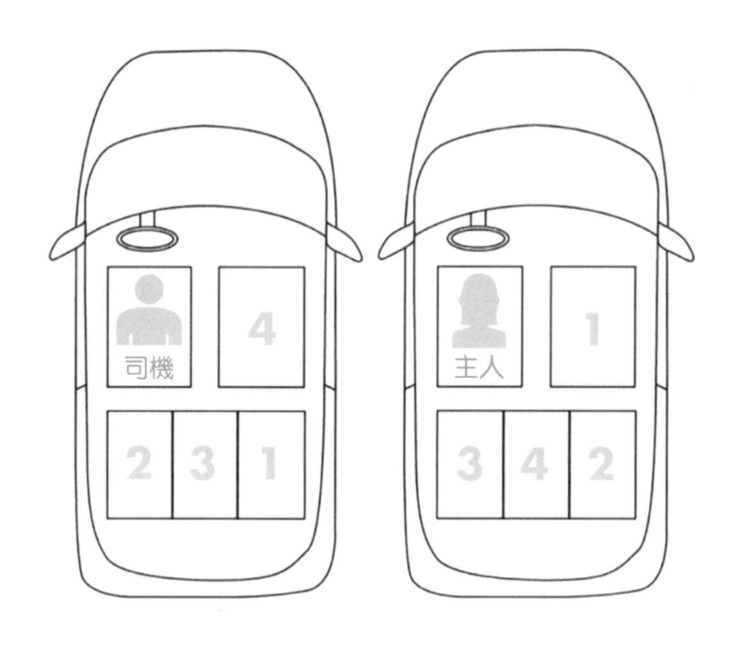

資料提供

至客戶處必須準備相關產品／方案資料，其中切記給客戶之資料務必質感良好，無論是郵件或實體紙本，建議都需考量其質感；可採一般參加商務研討會的規格作為標準即可。

如下方圖片所示，左邊則為一般常見的業務 DM 提供方式，給客戶感覺一般無特別印象，倘若公司資源允許的前提下，筆者自身相當建議採用有手邊照片的形式，一來提升企業形象，二來讓客戶對業務的印象更為深刻。（圖片 DM 以上市櫃公司「實威國際股份有限公司」為示範舉例）

一般常見的制式 DM

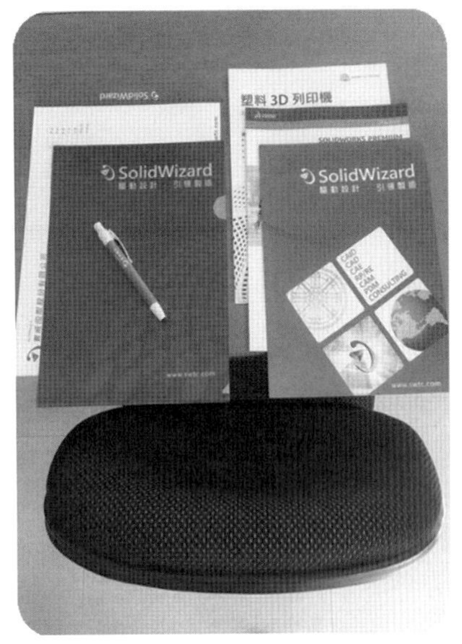

活潑生動的照片 DM

圖片來源：作者自攝

案例說明

記得克里斯每次到客戶端時，總是用最高規格的文件擺放跟配置，讓客戶有一種備受尊敬的感覺，記得有一次案件推進到議價階段時，客戶總經理說道：「其實我知道你們公司東西一定很貴，第一次看到你的會議文件擺放跟演示技巧，我就知道這間公司的業務跟一般業務不同，產品肯定成本也很高……好吧！我相信你已經給我很棒的折扣了，我簽約。」大家可以發現，其實客戶從剛開始接觸你的時候，你的穿著、文件質感、個人形象，及產品專業度等，已經讓客戶開始對於產品或方案進行價格的推估，這感覺像買車如果走進頂級進口車跟一般國產車的展廳，我相信那服務的質感也是會因產品價位，而有相當的差異性存在。所以拜訪客戶時第一印象每個細節重不重要？我相信答案已經在各位讀者的腦海裡。

Date ______/______/______

第十一章
會議時的商務技巧實務篇

11-1 會議上的開場技巧

會議開場，一般我們分為四個環節，分別為人員介紹、議程説明，接著進入痛點探詢及客戶需求確認，後者進入解決該痛點的方案説明，最後進入説明企業價值，包括企業規模、服務經驗、組織架構、專業程度、後續服務能力及方式、培訓方式、後續延伸需求規劃能力等，並再次確認會議雙方有共識的地方，並記錄於 LOU 中，並於當天寄發 LOU 以供客戶記憶當天會議重點及我方服務亮點，也讓客戶在進行內部討論時，可透過 LOU 的資訊，加強當天討論印象且不失真。

**人員介紹
議程說明**

- 介紹我方高階長官給客戶高階
- 了解與會人員的職能跟職稱
- 説明今日會議時間及內容

**痛點再次確認
（需求提醒）**

- 重述一次先前訪談的內容
- 再次核對痛點理解的共識

**針對痛點說明
解決方案**

- 進行有效的方案説明
- 對客戶的利益要點説明

**痛點與方案共識
確認，後續規劃
及LOU寄發**

- 進行解決客戶痛點的方案總結
- 再次加強對客戶的效益論述
- 現場確認後續規劃的時間點
- 會後當天寄發 LOU

11-2 會議商務技巧——實務案例

商務禮儀對於很多業務而言，其實多半是透過經驗中學習，但克里斯建議業務團隊，別輕易拿客戶作為商務禮儀的練習對象；畢竟，不是每一個案件的高層都經得起「沒禮貌的業務」接觸，有些案件可能因為一些細微的禮儀跟業務本身質感的差異，就以些微差距輸給競爭對手，這是一個很常發生的情況，所以建議預先做好學習跟功課，是擔任業務工作前必須學習的。

回想個人擔任業務時，有一次跟一位企業董事長相談甚歡，因為個人對於產品的學習相當透徹，所以像顧問般給了客戶很多未來規劃上的建議跟想法，就當一切看起來相當順利時，在拜訪結束後，董事長親自送克里斯到了門口，然後伸出了雙手跟我握手，當下我一緊張只覺得「我也雙手應該比較有禮貌……」然後雙手回應握了上去之後，董事長表情一變，笑笑的對我說「看來你還不是個專業的業務……」，然後開始跟我說明握手的商務禮儀，但這個過程，我從客戶內心裡那一個很資深的業務顧問，瞬間變成一位涉世未深的菜鳥業務，內心真是百般無奈……。

後續這個案件經營上，到了議價階段時，客戶董事長堅持需要我們派出主管來議價，因為他認為我不夠資深，價格上肯定不是有決定權的人，聽完客戶的判斷方式，內心無奈得只好開始安排主管跟客戶董事長的議價時間，礙於個人主管的行程滿檔，只好排到隔週；就在這等待雙方議價的期間，競爭對手透過該董事長的大學學長，安排了一場球敘，最後透過學長的強力推薦跟保證，在我們還沒議價前，這張訂單就在高爾夫球場被競爭對手給簽掉了……。

如果議價流程可以快一些，這張訂單其實不會輸掉；如果今天我沒有犯了商務禮儀的失誤，其實客戶是會直接跟我進行議價的，也不會有相關的資深資淺判斷想法；所以商務禮儀重要嗎？就個人經驗而言，它還真的相當重要。

痛點（Pain Point），係指客戶工作或生活上之不便及困擾處。

Date _____/_____/_____

第十二章

商機挖掘前的準備事項篇

12-1　商機探詢前的自我檢視

12-2　商機探詢技巧

12-3　商機探詢——實務案例

12-1 商機探詢前的自我檢視

1. 針對商機的探詢，我有一套具有系統架構的詢問方法，可讓案件更明確的判斷是否商機存在，且更可以進行商機案件分級？
2. 我認為有效的拜訪，就是完美的呈現我所理解的一切產品知識跟優勢，即可以有效的說服客戶？
3. 面對產品的使用者，跟面對企業的高層，我認為詢問的問題是相同的？
4. 面對企業高層是否有時會難以應對，甚至發現高層不耐煩的急著希望我找下面的使用者窗口？

對於業務工作而言，商機透過拜訪時的探尋，莫過於是接觸客戶第一重要的課程；其中尤其當拜訪結束時，須立即判斷該商機是否明確，且必須跟主管回報時，更需要有具體事項提供主管作出判斷，是否需要投入資源開始進行跟進。

其中對於業務主管而言，該如何標準化業務的資訊探詢，以確保業務團隊能挖掘到足夠且正確的資訊量，來提供後續案件的經營及推進評估，更是相對重要。

所以筆者透過以下的細部項目展開，來標準化我們業務團隊的重要資訊探詢項目。

克里斯在商機探詢的經驗上，有一個關鍵要點必須分享給各位讀者，就是訪談雖然重要，但讓客戶在熟悉且感到自在的環境下訪談，才是一個成功訪談的關鍵。所以訪談前，克里斯總要求業務團隊必須對客戶有所了解，並在寒暄中讓客戶多分享一些趣事或個人相關的議題，從讓客戶享受於分享的情境下，再逐步切入正題；否則一碰面則開始進入訪談程序，有時還真讓客戶會有感覺正在接受「身家調查」的錯覺，相信這種感覺即便是我們也會感到些微不適。

商機探詢技巧是一個有效提升客戶商機經營的關鍵因素，其中過往不少業務夥伴在工作時應該常見的問題是，當我完成產品介紹或是已達報價階段，我的下一步應該做什麼，才能讓案況精準，並且有效控制案件的發展，直到訂單成交？此部分關鍵，我們初步條列如下，讓讀者能快速了解，商機探詢時，業務單位應該做到哪些資訊的釐清。

商機資訊調查關鍵

1. 客戶會有產品或方案需求的原因。
2. 客戶在沒有我們的產品或方案時，他們過往通常怎麼解決此類需求或問題。
3. 我能夠用投資報酬率觀點，來計算量化客戶使用了我們建議的解決方案後，相較於過往傳統的做法，能夠產生多少的額外效益？
4. 我有辦法透過數字計算，讓客戶知道採購我們的方案或產品，是一項投資而非僅僅是徒增成本？
5. 我能夠清楚知道客戶目前評估產品的內部反應、預算、決策者是誰、決策流程、預計什麼時候進行採購等。
6. 當競爭者進入時，我有十足的把握能在第一時間知道，並知道競爭對手是誰。
7. 我能夠在得知競爭廠商後，快速地讓客戶採購決策者知道，我們與競爭對手的差異，以及與我們合作的重要價值在哪裡？

最後，商機探詢的關鍵在於能夠完整了解客戶整體狀態後，再進行完善且能解決客戶問題的規劃，方為上上策；其中無論是 B2B 或 B2C 的銷售模式，皆需要把了解客戶放在第一順位，經由完整訪談後，再進行能解決客戶現有問題或是客戶最在意問題的方案提供，一來可減少說出客戶已經知道或是根本不在意的內容，而且可以針對客戶在意的痛點或環節多一些資料補充，讓客戶理解具體價值跟好處。

12-2 商機探詢技巧

一般以拜訪而言，須著重於客戶資訊的挖掘及探詢，資訊取得主要分為兩個層面，第一為「案況層面」，第二為「Demo 層面」；前者重於確認判斷案件的真實性及急迫性，後者則關注於安排 Demo 前的細部調研。

案況層面分析

判斷案況真偽及虛實，建議透過以下幾個層面進行判斷。

- **明確痛點（需求）**

  必須詢問到客戶所使用的產品／解決方案，現階段所造成的痛點；也就是說，必須要找到客戶為什麼需要跟你買產品／解決方案的理由；倘若該窗口找不到痛點，但此客戶為潛力客戶，則建議更換窗口，持續探詢。所以痛點必須夠痛，此案件才可能讓客戶端積極主動想要處理。

- **高層共識**

  通常會透過問題來判斷是否此案件為高層提出的需求，或是高層已經認知要處理這個問題，而非單純以使用單位評估，最後案件到達高層才發現，高層並不認為這是個需要花錢處理且急迫的問題。

  問題可詢問「請問這次的評估是老闆要求的嗎？還是部門內初步的問題討論？」、「請問老闆針對這個問題，目前有提出一些規劃或特別要了解的重點嗎？」

- **時程**

  一個明確的案件，通常內部需具體的時間規劃，我們才能判斷此案件成熟度夠高，值得加緊經營；通常詢問問題如「請問我們這次的評估，有計畫在今年幾月完成評估及導入？」、「請問老闆有指示本次討論，最慢須於何時，內部要做出決定？」

- **預算**

  預算通常對於客戶端而言，業務必須釐清的是，究竟內部是走「年度預算」，還是「專案預算」；如果是年度預算則須確認，去年度是否已編列預算且金額的具體數字；如專案預算則是內部只要提出需求，高層同意即可以立即支出進行採買的預算。

  如對應到走年度預算的客戶，則須了解其預算每年的編列時間，並提前於前一年進行接洽及確定需求，報價供其進行預算申請；如預算通過則將於隔年度預算下來後，業務再進行接觸並進行採購。

- **採購流程**

  業務案況的掌握度，其中一個重要的關鍵在於下單時間；不少企業規模較大型的客戶，可能即便使用單位與你確認訂單，但實際採購時間需遞延 1 至 3 個月，原因在於採購流程的長短。

舉例而言，規模小的公司有些採購流程為「使用端主管提出需求→彙報老闆→老闆同意即簽單→可開立當月發票及出貨」；但規模大的公司可能會是「使用單位主管提需求→產品經理或專案經理（Product Manager or Project Manager;PM）／總務／ IT 先進行第一次需求審查→總務／ IT 進行第一次議價→上簽副總→上簽總經理→採購來電我方，進行第二次議價→採購經理審核用印→傳回正式採購單，始能開立發票。

所以釐清客戶端流程的步驟，能有以下好處：

(1) 釐清價格退讓是否須有所保留，避免後續還有採購進行二次議價。
(2) 可清楚掌握實際可下單時間，平均分配個人業績的表現。

拜訪原則

- Do not Sell——拜訪著重在訪談客戶，而非在不了解客戶的情況，直接介紹產品，這是 Top Sales 的成單關鍵！因為了解客戶，所以清楚什麼內容該放大說明，什麼內容可以跳過不說，並在拜訪總結時結合客戶痛點，可讓說服力大幅度提升。
- 務必找到我方產品／解決方案能消除個人問題的窗口，才容易引起需求。
- 會議安排盡量讓出錢的人（老闆）跟有產品／解決方案需求的人一同與會，才有辦法判斷對於公司高層而言，這是不是個該花錢處理的問題。

高層訪談辦法

針對客戶拜訪而言，經驗豐富的業務夥伴們會發現，因為最後決定是否採購的關鍵窗口，往往都是企業高層，所以拜訪如果痛點可以從高層開始盤點及經營，往往是一個最佳模式。

但問題來了，每一個業務都知道如何對應高層嗎？面對高層，該跟高層聊什麼才不至於導致高層感覺時間被浪費？所以針對高層訪談，筆者這邊做了一個範例，如果是軟體行業想要了解客戶可能有哪些需求？高層的探尋方式如何？

高層訪談時的開頭及訪談問題總表

企業高層的時間往往相當寶貴，且會議眾多，所以訪談開始，必須明確的說明目的及時間，讓高層願意進行討論，建議開頭話術如下：

「總經理您好，我是貴公司專屬的專案服務人員 XXX，我的工作內容主要兩件事情，一來針對企業長官的拜訪及聯繫確立，二來透過高層的訪談來了解我們後續的服務，有哪一些事，總經理您特別希望的方向，或是不足的地方；今天我怕耽誤您時間，預計用簡單 20-30 分鐘的時間，盡快與您請益一些關於貴公司重要的後續專案服務方向；那我先請教一下總經理您，關於……（開始進行訪談）」

訪談問題總表

在了解客戶需求之前，請勿急於介紹產品！

問題	提問方式	目的
獲利狀態	我們這行業趨勢，最近應該還不錯；感覺這兩年公司應該至少獲利成長超過20%	判斷客戶有沒有賺錢／有的話，案況相對樂觀些，如果持平或虧錢則相對評估案況要保守些
大小月	我們這行業會有分大小月嗎？	判斷客戶忙碌跟空閒的月分，加以評估客戶討論的進展與採購時程有無可能拖延
客製化／量產	請問貴公司產品是客製化居多？還是量產居多？	判斷客戶設計能力及經營模式
內外銷比例	請問公司產品外銷多，還是內銷多？	如果是外銷歐美，則會有產品認證需求，有可能有提升產品品質的商機討論；內銷的話則需要提問，產品是否需要通過檢驗認證？
品牌	請問產品是否為對方自我品牌？還是主要是給其他代理商貼牌銷售？	可判斷此客戶有無做產品行銷型錄的需求；如有則可採跟行銷有相關幫助的方案，進行説服
產品説明書／參展動畫	目前公司產品説明書或參展的一些動畫，是委外，還是內部自行製作？	判斷客戶有無行銷相關解決方案的需求／是否在意行銷？
多角化／創新產品	請問公司有無一些多角化計畫？像是開發一些跳脱過往設計經驗的案件？	如有做多角化或創新產品，則表示研發有採用設計效率提升的需求，更可能會有使用其他方案的機會
人員異動	貴公司研發團隊偶而會有新人需要我們培訓嗎？還是其實內部都老手了？	判斷有沒有後續維護合約（Subscription Service; SS）商機，新人培訓的需求
組織擴編	請問今年公司針對研發編制，有無擴編的計畫？	了解有無新人SS培訓需求或新購計畫
公司據點	公司據點除了我所了解的XX、XX外，還有其他地方嗎？ 這些據點都有配置RD嗎？據點間會不會有檔案交換的需求？	如有檔案交換需求，則該客戶有資料管理相關方案的可開發商機

問題	提問方式	目的
同業調查	請問我們這行業競爭是否激烈？ 最主要的競爭對手大概有哪一些？	找出競爭對手且剛好是我們老客戶的名單，如客戶高層是欽佩或好奇他的對手，則可以用此客戶案例加以說服
競爭狀態	認為最主要的競爭對手研發團隊，會與我們研發團隊有不同之處嗎？	引導高層自己說出認為自身企業不足的地方，待訪談結束後，進行方案介紹時，加以結合方案效益跟痛點
主力產品	請問公司占營收最高的產品線是哪一個產品？	如果目前出現痛點的部門剛好是生產主力產品線為主，則公司相對而言願意投資；但如果是非主力產品線部門，則案況判斷須相對保守
增長點	公司有無規劃或預估今年度業績主要的增長點來源？	確認客戶企業目標有哪些與我們方案有相關聯的地方
增長點跟研發相關	為了達成剛剛討論的增長點，對於現階段XX團隊（跟對方產品有相關的部門）會不會產生一些新的挑戰？	引導高層自己說出對XX團隊的期許或現有痛點，待訪談結束後，進行方案介紹時，加以結合方案效益跟痛點，使方案更具說服力
經過上述訪談後，經過篩選的進行產品或方案的PPT介紹		
採購流程 （在客戶確定想要報價後才問）	因本次報價，我們有特別跟原廠申請當月優惠，所以想確認如果是本月15日以前，有無機會能夠確認訂單跟開發票？	確認客戶的明確訂單回傳時間及發票時間

12-3 商機探詢——實務案例

在從事銷售的過程，筆者曾經被送去學習一門法國原廠的銷售方法論，叫做「顧問式銷售」，當時業務經驗兩年的我，其實並不理解「問問題」的影響力，僅單單聚焦在於「說故事」的故事行銷與專業的產品介紹，但也因為如此，克里斯時常會發現並不是100%的客戶都買單我這套方法，有些時候會有客戶覺得不感興趣，甚至有些客戶在我認為他肯定有需求的情況下，直接否定產品的價值。

上過這門課之後，我終於解開了一直以來在銷售上的迷思；曾有一句話說著「當你問對的問題時，你可以改變這個世界。」；原因在於，大部分的高階主管與老闆，其實都具有相當的個人經驗及核心思想，當你今天是抱持著講述或是論述產品價值的心態，去跟客戶討論並有些微「教導或介紹」的氛圍，通常容易引發客戶拿出過往經驗或觀念來跟你的想法做驗證或牴觸，這時候，客戶可能不太能給你過多的認同，因為「你並不理解他，他只能從你的講法裡，找出你未理解所說錯誤的部分」，這是一個很神奇的循環，但是在業務銷售的情況裡，他卻不停的在發生。

所以在銷售過程中，如何有效的「暗示」客戶去理解一些「他本來就知道或可能知道的問題，但一直遲遲沒有處理或不想處理」的情況，讓他主動認同這個問題的嚴重性或需求性，進而在我們與客戶對於這問題的存在，都有共識的前提下，我們再進行介紹，此時說明的內容不但跟他們切身相關，客戶也將更關注你帶來的方案可能帶來的效益；在此有共識的情況下，說明方案並結合客戶認同的痛點，將可把方案的影響力調整到最大，這是顧問式銷售最有價值的所在。

透過銷售流程的轉換「介紹方案→詢問客戶是否認同→詢問客戶是否需要報價」調整成「先進行訪談了解痛點→找尋出客戶痛點的個人方案交集處及明確價值→針對客戶痛點進行方案介紹→詢問客戶是否需要報價」，這流程的改變，讓我在當年度銷售上，破了公司多項產品記錄，其中最大的記錄就是拿下了全亞洲區的Top Sales獎項；所以你覺得很會介紹產品的業務容易有業績產出，還是很會問問題的業務容易有業績產出？我提供了個人的實務經驗跟各位做分享！

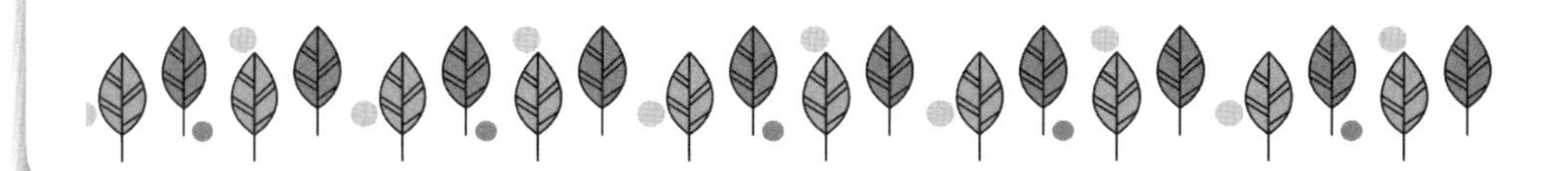

第十三章

產品演示前的準備工作篇

13-1 Demo 前的自我檢視

1. 每一次產品 Demo 前，我清楚我應該做好哪些準備工作，可以讓案件的把握度更高？
2. Demo 的過程中，我只要專注做好產品介紹就好，沒有其他工作需要注意？
3. Demo 後，我可以快速的釐清客戶需求，並且條列出產品對客戶好處的總結，甚至跟客戶有共識，確定後續案件的每一個跟進的時間點？

客戶端 Demo 通常分為兩種形式，一種形式為業務個人進行產品跟 PPT 的 Demo，另一種形式為業務陪同顧問或工程團隊，到客戶端進行 Demo；然而無論何種形式的 Demo，對於業務而言，即是要展現公司最好、服務最完善、團隊最專業、產品最符合對方需求等的訊息，讓客戶能夠認同，進而買單。

然而實際過程中，Demo 過程往往是訂單最容易充滿變數的時刻，是否有效的做好場控呢？筆者將 Demo 前、中、後應該注意的事項條列出來，以利讀者能夠更細膩的關注每一個流程。

產品或方案進行 Demo 前，通常建議業務夥伴們，先進行一個心態上的調整，就是「如果當 Demo 只有一次機會時，我該讓客戶理解哪些資訊，並且能夠記下哪些資訊，才能夠不讓客戶用價格來進行訂單討論或競爭對手比較」。

我們必須把每一次 Demo 都當成到這客戶端的最後一次 Demo，並且完整展現我們的價值，其中針對有哪些價值點，我們條列如下來逐步衡量。

1. Demo 前已完整了解客戶需求。
2. 我們能針對客戶需求，進行一場客製化 Demo。
3. 公司規模與一般業界服務廠商的差異。
4. 售後團隊與一般業界服務廠商的差異。
5. 服務流程與一般業界服務廠商的差異。
6. 產品或解決方案，能夠解決客戶在意或急迫的哪些問題。
7. 產品或解決方案的採購使用，可以讓客戶多久回收，並且獲利。
8. 有哪些跟 Demo 觀看客戶，相同行業或類型的客戶，也同樣採用了我們的方案或產品。
9. Demo 結束，能提供完整記錄客戶痛點跟解決方案的會議記錄，供其進行內部討論。

我有把握看完我們的 Demo，能造成競爭對手的進入障礙，甚至最後議價客戶無法單純用競爭對手報價來跟我方議價，因為對方完整理解我們的整體價值差異。

13-2 Demo 前注意事項

通常拜訪完客戶，確定需求後，可能會再有二次拜訪，進行相關需求的產品／方案介紹，這裡再次提醒，沒有經過訪談或客戶了解，單純進行 Demo 介紹，通常是無效的；為了完成有效的客戶 Demo，我們在事前會建議有一場 Rehearsal，無論是一起參加 Demo 售前團隊，或是自己介紹，都須事前演練。

Demo前，Rehearsal可避免的問題

客戶感覺不到產品的效益

客戶感覺不到公司的服務價值，感覺方案無法落實

客戶感覺競爭對手的產品更好

我方團隊在現場否定了客戶想要的方案需求，卻也提不出其他方案的窘境

至於 Demo 前，究竟有哪些注意事項需釐清，依產品屬性而定，可條列出來；這裡就讓我們以軟體行業來進行 Demo Check List 的介紹，讀者可依下表作為範本，進行行業的檢查表製作。

Demo前必須完善的準備

客戶需求 / 痛點

導入效益

成功案例

服務價值

Demo Check List

公司名稱	XXXX股份有限公司		員工人數	
主要窗口姓名			資本額	
公司所在地				
客戶內部資訊				
公司產品				
評估者／發起部門／決策圈				
評估部門的人數	人			
參加Demo對象（　人）	職稱 / 姓名			
	/	/	/	/
現行XX軟體／版本	/	使用狀況		
現行XX軟體／版本	/	使用狀況		
現行XX軟體／版本		使用狀況		
現行ERP軟體／版本		使用狀況		
Windows／Server版本		更換計畫		
基本案況				
客戶痛點／Demo重點	1. 2. 3.			
痛點現行解決方式			客戶圖檔取得	□有 □無
目前已評估的軟體	軟 體 名 稱		軟 體 名 稱	
	看 完 評 價		看 完 評 價	
後續計畫評估的軟體	軟 體 名 稱		軟 體 名 稱	
	計畫評估緣由		計畫評估緣由	
高階共識狀態／Key Man				
評核流程／組織架構				

預計採購時程				
初步預算				
Demo需求				
主要Demo產品				
次要可能Demo商機				
計畫切入點				
其他資訊				
投影機	☐需要 ☐不需要	簡報筆	☐需要 ☐不需要	
會議室安排	☐有 ☐無	停車位	☐有 ☐無	

針對上列 Demo Check List，其中分為幾個大項目，分別是需釐清客戶基本資訊，還有內部的案況資訊，包含高層共識、時程、預算、競爭對手資訊等；另外，Demo 需求及其他資訊也須關注，避免業務到達客戶端時，因為車位、會議室、投影機等緣故，造成 Demo 效果不佳，影響成交機會。

上述的 Demo Check List 主要採用 B2B 的企業軟體採購模式作為範例，而實務中，無論 B2B 或是 B2C 的 Check List 製作方法，皆可依照目前客戶基礎資訊、客戶的使用經驗或是內部資訊、基本案件情況及其他注意事項，建立起自身的確認表，將可以有效的讓每一次的 Demo 前準備，都更加精準且品質穩定。

其中 Demo Check List 的重要關鍵，還是在於先能夠充分理解客戶的具體評估狀況及痛點，進而做好針對客戶需求或潛在競爭對手的進入障礙布局，這樣才能真正完善每一場 Demo 的具體效益。

13-3 Demo 前準備——實務案例

回想以往剛從事業務工作時，每當邀約到 Demo，總是相當開心，感覺似乎又有商機可以推進，就沒想太多的直接帶工程師或顧問前往現場進行會議，但有些時候，工程師或顧問講的內容，卻往往不盡然是客戶想聽的，甚至於工程團隊會脫口而出一些客戶相當在意的細節或不愛聽的內容，導致案況急轉直下，案件就在這樣一場 Demo 結束後，跟著消失商機。

有天，在一次大型案件的執行中，我有幸跟著一位原廠的銷售顧問一起進行案件經營，案件 Demo 與工程在搭配上，不但完美無瑕外，工程團隊還可以跟業務團隊在當下有緊密的配合，提出相當吸引客戶的資料及說明，果不其然，那一場 Demo 即成為我們俗稱的成功案例「One Demo Close」案件；那場 Demo 對我個人而言，有著相當多的震撼，為什麼相同的工程團隊，搭配不同的業務窗口，會有如此不同的發揮，從中我細細觀察，發現原來以往 Demo 發生前，其實我犯了許多錯誤。

當時這位銷售顧問在安排 Demo 前，其實自己有一張 Demo 前的資訊 Check 清單，一邊電話確認並一邊填寫，完整的挖掘了客戶的明確痛點與內部環境資訊、關鍵人物等；待確定客戶「想聽的與想被解決」的議題確認後，再趕緊跟顧問或工程團隊，安排一場會議，進行會前溝通，確認「只 Demo 哪些客戶在意的內容與哪些可以加強內容說服力的素材」後，在出發 Demo 前，在另安排一場行前的 Rehearsal 演練，確保真實 Demo 上陣時，雙方合作的方式及內容沒有問題，才會到客戶端進行實際 Demo。

所以經過一次真正「細膩且用心」Demo 前演練後，我最終了解原來一場可以激起客戶購買欲望的 Demo，關鍵不在於 Demo 本身，而在於 Demo 前，業務是否能擔任起導演的角色，有效且精準的安排每一個團隊成員的演出內容，並對於最終結果有著相同的共識，這才是一個 Top Sales 應有的工作技巧。

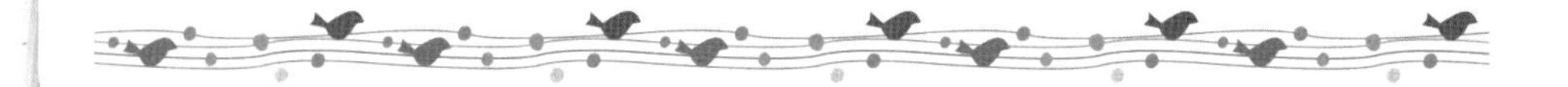

第十四章

產品演示過程的實務技巧篇

14-1 Demo 中的注意事項

對於 Demo 過程中，有諸多細節其實需要注意，筆者將其條列如下：

察言觀色

會議中需透過與會者的互動及提問，判斷哪些人屬於正方，哪些人屬於反方；這些資訊將有助於後續案況經營及操作。

適時提問

當發現有與會者表情疑惑或竊竊私語者，建議直接暫停 Demo 並提問，是否有需要加強解說的內容。

會議記錄

對於業務工作而言，會議記錄其實不單是一種記錄，而是一個銷售工具。

Demo 會後，其實常會有相關問題須回覆，且有時不見得高層會有時間參與，這時候會議記錄就變成一個很重要的銷售工具，可以快速釐清客戶內部面臨的問題，更可以凸顯本次討論我們解決方案的價值及完整性。

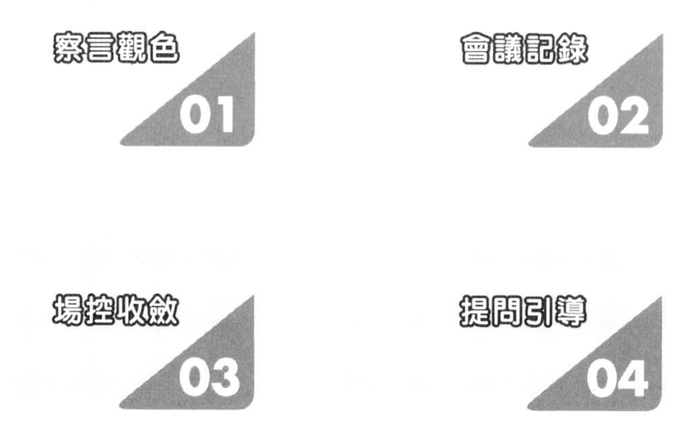

會議記錄範本

股問有限公司—維護合約規劃 會議總記錄			
項次	貴司目前面臨的挑戰	我們建議的可行解決方案—後續規劃	貴司與會長官／同仁
	使用需求列表	董事長 XXX	
1			總經理 XXX
2			研發經理 XXX
3			IT經理 XXX
4			
5			XX與會團隊成員
6			專案業務 XXX
7			產品經理 XXX
8			
9			
10			
	後續評估所關心的項目		
1	XXX導入—介紹報告跟效益表	2020/ /	
2	XXX導入—每季的實施進度表	2020/ /	
3	XXXX費用	2020/ /	
	維護合約評估—時間進度表		
1	結論製作與高層會報	2020/ /	

Demo 中常見狀況

01
人員頻繁進出
人員竊竊私語

02
現場氣氛低迷
聽眾睡著

03
客戶不斷提問
問題無法收斂

04
Demo 過程當機
投影設備出狀況

14-2 Demo 的流程建議

對於產品演示（demonstration; Demo）的過程，如果內容完善且符合客戶需求，通常不但可以加強客戶的採購意願外，更可以為後續可能進場的競爭對手，建立更多的進入障礙，然而一般的 Demo 建議流程為何？筆者提供下圖作為流程的參考。

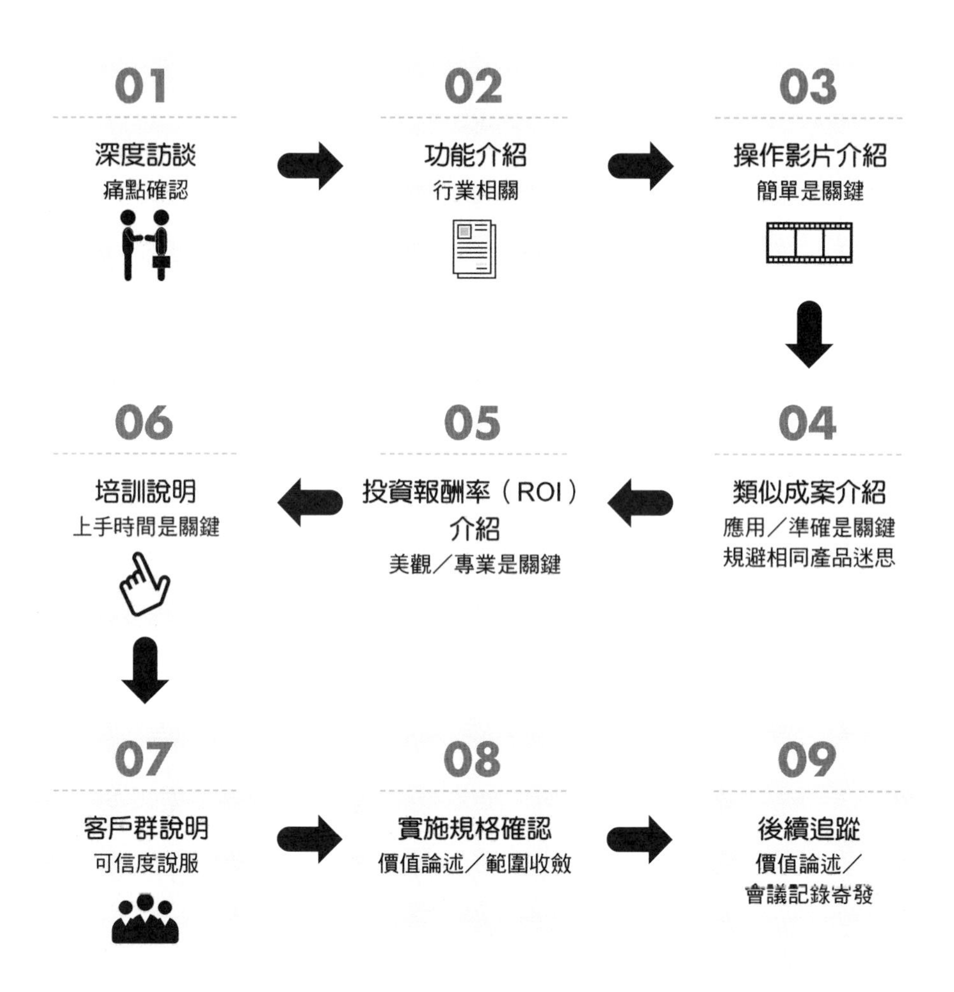

14-3 Demo 後的注意事項

會議完成後，建議於當日完成會議記錄的寄發，可讓客戶對於業務的服務觀感加分外，亦可以強化客戶記憶點；其中 Demo 完成後須關注並確認，內部的高層共識、時程、預算、採購流程是否清晰無誤，這將有助於我們判斷客戶案況等級的分類（A → E 級），更可以分辨該案件的跟進優先順序位置。

Demo 後的客戶內部討論狀態，其實是影響商機變化的重要關鍵，所以能夠完整確保 Demo 後的效果能持續發揮於客戶腦海或是客戶企業內部，則是一個相當關鍵的指標；其中針對 Demo 後應該專注的要點，克里斯條列如下，讓讀者們能夠快速理解。

Demo 後須關注的重點

1. 我有把握完成 Demo 後，客戶能完全記得今天 Demo 100% 的內容。
2. 參與 Demo 的窗口是否為決策者？如不是，我有把握他能夠 100% 原汁原味的演示我方今日的 Demo 給決策人了解或是給內部進行討論。
3. 我們能否再針對決策者安排一次 Demo。
4. 如果以上皆無法執行，則身為業務的我們，能否提供一個完善記錄客戶痛點與我們方案產生效益的會議記錄，讓沒有參與會議的決策者能快速理解效益。
5. Demo 後，我能夠提供客戶充足的佐證資料，讓他們內部討論了解今日 Demo 的內容具有 100% 的可信度。
6. 競爭對手如果於我們之前進行 Demo，我有把握能讓客戶感受到我方的完整價值高出競爭對手許多。
7. 競爭對手如果於我們之後進行 Demo，我有把握能讓客戶於他們進行 Demo 時，提出許多我們辦得到但競爭對手辦不到的問題，進而形成進入障礙。

我有把握今天的 Demo，能讓客戶最後議價時，無法單純用價格決定採購哪一家產品，而是會基於我方服務或企業價值，進而接受我們單價高於競爭對手的原因。

14-4 Demo 技巧——實務案例

一場有效的 Demo，通常代表在 Demo 完成後，能夠快速的凝聚內部的採購共識，並且能在內部有疑慮時，於第一時間立刻處理，避免當下某些客戶內部窗口的疑問沒解決，甚至問題被擴大後，反而容易成為掉單的關鍵或是競爭對手勝出的優勢；基於以上情況，Demo 在實際操作時，我們一定會有以下實務的做法。

當客戶在 Demo 過程中，彼此咬耳朵或竊竊私語

當下身為業務的我們，請務必立刻中斷 Demo，並眼神直視竊竊私語者請問其是否有需要我們補充的部分；通常這時候，該窗口一定會提出他在竊竊私語的內容，然後也記得讓工程或顧問團隊在現場盡速的做出完整且客戶買單的解答；很多新進業務時常問克里斯，為何要這樣做？我的原因很簡單，因為在過往的銷售經驗內，通常當下竊竊私語者，大多是對我們提出的方案有疑慮或不信任，但又不想讓我們聽到，而且這種情況如未立即處理，在 Demo 結束後，業務團隊一旦離開客戶端，通常該窗口即會在內部大放厥詞的表示，剛剛的 Demo 內容有哪些不合理處或缺失，這時候如果問題在我們離開後才在客戶端浮現，甚至擴大，這時候要收尾，通常難度就很高了：尤其越大的公司，有時候採購產品部門會進行表決，如果該問題提出者是意見領袖，可能對於產品的銷售上會有十足的殺傷力。

適時提問，確保大家理解相同

有時候 Demo 過程如無適時的互動，單方面的產品介紹說明，很容易造成現場氣氛顯得鬱悶，甚至容易讓窗口分心或打瞌睡；為了確保現場 Demo 的氣氛是活絡且大家能聚焦，適時的打斷 Demo，詢問客戶問題，或是進行一些客戶現況的討論，將有助於讓大家有精神並更聚焦在 Demo 的問題解決及價值上。

會議記錄的製作

通常 Demo 會議進行中，業務團隊務必要邊進行會議記錄的製作，原因在於，通常 Demo 完成後，有些窗口需要向老闆進行匯報 Demo 中提到的亮點以及能夠解決的問題，但通常高層時間不好約，等到窗口準備跟高層匯報時，可能時間已經過去 2~3 週了，這時候對於先前 Demo 的內容，可能早已遺忘大半部分，僅存記憶中的 40% 內容，是否能夠說服高層購買？其實這是一個極大的風險。

再者，通常會後雙方會於會議現場凝聚出當下會議的結論，但這結論有些時候不盡然雙方理解的內容完全相同，所以為了確保這部分狀況，並透過會議記錄適時的「引導」我方有力及有價值的內容，將可有效掌控後續大家的共識。

最後會議記錄的關鍵在於，我們會記錄會後的各項追蹤事項及時間點，這部分可有效的跟催客戶與我們的案況同步進行，避免會後營造出一種只有業務不斷的在逼迫客戶進度，而客戶並無意願的氛圍；所以當下跟客戶有的共識跟結論，像是目前痛點、客戶認同的解決方案、後續會議的時間規劃等，如可以精準並詳盡的紀錄下來，並與客戶一同依照雙方有共識的產品評估時間推進，這將會是一個有效 Demo 的關鍵指標，建議大家可多加關注。

過往克里斯在培訓業務團隊 Demo 技巧時，曾有學員提出，當我們學習完 Demo 技巧後，應該如何來檢視我們接下來的每一場 Demo，都有符合 Demo 技巧的原則？

筆者於知識補充站，特別提供上 Demo 的相關檢核點，讓大家評估自身的 Demo 技巧是否已提升。

Demo 檢核點

1. Demo 開始前，我會進行客戶的二度訪談，並再次確認客戶現階段痛點後，再進行相關產品介紹的 Demo，以確保雙方對於待會要說明的內容共識相同。
2. Demo 過程中，我會觀察每一個參與者的表情及反應，並確立在場人員正反方的角色區別。
3. Demo 過程如氣氛低迷或有人打瞌睡，我會展開互動式討論或稍微打斷 Demo，讓現場氣氛熱絡並重新聚焦。
4. Demo 過程中，客戶任何現場提出的疑問，我皆有相關簡報、資訊或是影片，可以立刻解決客戶疑慮。
5. Demo 中會完善說明企業、服務、團隊、培訓等差異的我方價值，讓客戶釐清我方與一般廠商的區別。
6. Demo 中，我們有豐富的成功案例（必須與客戶同產業或是同類型的案例），增加我們給客戶的信賴感及 Demo 可信度。
7. Demo 中，我可以讓客戶清楚產品導入後的具體實質效益或 ROI 投資報酬率計算。

Demo 結束前，我能夠確認客戶需求規格、數量、決策流程、預算、採購時程等，以確保案件能有效地持續追蹤及經營。

Date ______/______/_____

第十五章
高階簡報的實務技巧篇

15-1 對客戶高層簡報前的自我檢視

15-2 銷售的簡報技巧

15-3 簡報技巧——實務案例

15-1 對客戶高層簡報前的自我檢視

1. 簡報前，其實我都清楚了解客戶的具體痛點？
2. 每次簡報前，我都可以讓客戶老闆及高階主管感到高度認同？
3. 簡報的過程，我可以依客戶反應及時間，有效的快速進行 PPT 簡報者模式的頁面切換，而不會讓客戶察覺簡報者有跳過 PPT 頁面？
4. 簡報內容我會善用影片、圖片，甚至該客戶產業的成功案例，作為引起客戶興趣或增加信心的工具？
5. 有沒有曾經 Demo 完的當下，直接對客戶老闆關單的經驗或方法？

對於客戶高層的簡報技巧，其實是影響成交機率的重要關鍵之一；試想一個情境，如果今日遇到來簡報的競爭對手，除了詳細說明產品特色外，更帶出產品對於客戶帶來的具體效益金額、投資報酬率換算、培訓方法及後續使用規劃、導入計畫表及甘特圖，甚至於現場演示了眾多跟客戶相同行業或競爭對手的成功案例，其中這一切內容是由一位穿著具有商務禮儀質感並兼具簡報技巧的強勁業務，充分展現了公司的專業及行業經驗；請問：如果你是下一位進行高階主管簡報的業務，你會怎麼做？

其實，所有失敗的訂單，並不全然都是價格使然，請誠實面對自己與競爭對手的差異，業務本身是否已盡了全力進行產品的演示。

以下就來跟大家分享，產品演示的關鍵技巧！

高階簡報其實最主要的價值，在於透過 Power Point 的畫面展現，可能是有邏輯的畫面或短片，讓客戶輕易理解介紹的重點以及與客戶自身的關係。

其中大部分的高層客戶，因工作時間緊湊且有限，所以多半只會想了解以下內容：

1. 簡報時間會多長？
2. 簡報中的產品跟我的關係是什麼？
3. 簡報中的產品對我的好處是什麼？
4. 簡報中的產品能解決我最在意或是最急迫的問題嗎？
5. 簡報中的產品是否我可以用更便宜的價格買到相同的產品及服務？
6. 簡報中的內容可信嗎？會不會有被騙的疑慮？

基於無論 B2B 或 B2C，通常位階較高的客戶，較容易有大型的商機產生，甚至是商機的決策權，所以透過換位思考來評估簡報的重點內容與時間，可有效影響簡報對於客戶的觀感及影響力。

15-2 銷售的簡報技巧

作為銷售人員，在進行客戶訪談完之後，接著更為重要的業務技巧則在於如何有效的說服客戶採信自身的建議，因此提供在一般對話內容中，我們較為關注的四個銷售介紹技巧——FABE：

F 代表特徵（Features）

指的是產品最基礎的資訊介紹、特徵，顯而易見的相關資訊。

A 代表優點（Advantages）

即針對產品主要有哪一些功能？這些功能比起一般產品有哪一些優點及優勢？

B 代表利益（Benefits）

係指在介紹的過程中，必須關注上述的優點，對於客戶而言，好處是什麼，這是一般 Top Sales 最擅長的領域，會刻意的將方案／產品的好處跟客戶的需求相結合，進而更容易引起客戶共鳴而購買；畢竟客戶會直接感受到，這方案／產品可以幫助我什麼或滿足我什麼需求。

E 代表證據（Evidences）

包括相關的證明文件，如第三方的驗證報告、客戶的滿意度調查、顧客來信的感謝函或肯定、報刊文章、現場實作等。

以上證據需具備足夠的客觀性、可靠性。

FABE 銷售法，簡單說明為善用訪談，就是在找出顧客最感興趣的各種需求後，帶入方案優點並結合顧客的利益，再提出證據作為總結，將會是一個強而有力的說服過程，也將是我們高端業務技巧上提及「顧問式銷售」的最佳體現。

時常會有業務團隊問克里斯，請問簡報是否適合穿插動畫？通常我給予的答案是，如果這動畫可以幫助聽眾理解你的表達內容，那動畫其實是相當加分的；但如果該動畫的效果只是讓簡報感覺生動，卻無法幫助聽眾理解，在商務簡報的環境中，我會建議最好移除；畢竟簡報的關鍵環節在於確保聽眾充分理解且被說服，過多的動畫可能導致客戶分心，這會削減簡報設計的最初目的與期望效果。

15-3 簡報技巧——實務案例

過往克里斯在從事業務初期時，很專注在如何讓客戶覺得我是一個專業的業務，或是如何讓客戶覺得，我可以告訴他很多關於我們產品的資訊，重點在於不辭窮；在當時的階段內，我以為只要能夠「講出產品資訊」就是專業的業務。

但經過幾次的案件失敗後，我發現原來會講出「產品資訊」其實只是入門，能夠講到客戶心坎裡的痛，影響其作出採購行為，這才是真正的關鍵成交技巧，有一句話說著「If you ask the right question, you can change the world.」我逐漸在銷售過程中，理解了與其學會如何講，不如學習如何問，更不如預先學習或理解客戶的行業常見痛點，並在訪談後專注於講解對於客戶的好處，這才是真正能讓客戶於會後記憶深刻的，也是真正能讓客戶感受出採購其實是一種投資，對內部是明確有好處的！

所以根據我們的訪談經驗了解到，其實一個 Top Sales 容易產生訂單，甚至是高額訂單的關鍵在於「說出客戶內心的痛，再告訴他，真正對他的具體好處是什麼，進而影響客戶產生希望趕快解決問題或產生效益的衝動」，這就是一個常見的顧問式銷售技巧。

最後，與其了解產品知識，更不如先了解客戶為何需要產品的原因，這樣在客戶端說明產品時，將更具說服力。

相信讀者看到這裡，可能對於簡報技巧有初步了解，在此將補充更多細部的簡報技巧，供各位理解更細部的簡報環節。

簡報過程，我們建議操作方法為，一開始先進行過往對客戶的了解說明，並重申一次客戶本次希望聽到的 Demo 關鍵與內容，展開後續說明；其中建議講者視場合穿著，應盡量正式或符合商務禮儀，並透過手持投影筆的方式，這樣才可以在會議室簡報不受電腦位置拘束，其中講演過程必須眼睛環顧每一位聽眾的眼睛，聲音需有抑揚頓挫，並面帶微笑，切勿表情過於嚴肅或呆板，然而稍為的手部擺動或身體移動是可接受的，但也切勿太大的動作或表情，這樣反而容易讓簡報失焦，觀眾容易把重點從簡報放到講者的肢體語言上。在講演的內容中，建議說明的內容，是從「通常客戶沒有使用這產品或方案前，他們怎麼做？」，接著到「使用產品或方案後，對他們產生了哪些改變？」，最後到「使用後對客戶產生了哪些可以被量化的好處？」；透過以上三個層面的鋪陳，將可以有效讓簡報的內容更加引起客戶關注，並產生更大的影響力，鞏固銷售。

第十六章
精準守價的報價技巧篇

16-1　報價前的自我檢視

16-2　報價技巧

16-3　報價原則

16-4　報價技巧——實務案例

16-1 報價前的自我檢視

1. 每一次報價前，我都經過精確的計算，並且已經可知道成交價會是多少？
2. 有時候客戶沒有 Demo 前，來電先詢價，我都應該先提供報價？
3. 報價跟讓價的過程，原則上，客戶只要來電，我都覺得義務上應該讓一點價格給客戶，無論次數？

報價對於業務而言，可說是關係自己的獎金重要環節，然而如何報價可以賣得高價且客戶也滿意，乃需要高竿的技巧才有機會促成；至於如何有系統的進行報價，將用下方的報價邏輯架構進行說明。

當進行報價階段時，通常會有許多需特別關注的細節，以避免日後產生的爭議與客戶疑慮，其中針對哪些細節要關注，克里斯條列如下：

1. 報價的品項務必正確。
2. 報價品項的數量務必正確。
3. 如報價名稱可能讓客戶不理解，需於品項下方條列進行備註說明。
4. 報價品項的規格需要在備註欄位說明清楚，避免產生相關的理解差異。
5. 報價單的價格有效期間必須標示清晰。
6. 報價單上的交貨時間須標示清晰。
7. 報價單上的違約或退貨須知須標示清晰，避免造成相關疑慮。

最後，報價是一個相當重要且嚴肅的工作項目，內容除須謹慎外，更應該規劃好相關的報價策略及讓價空間，將可有效的讓訂單足以順利談下去，避免造成客戶要求價格低於公司底線，進而放棄該訂單的窘境。

16-2 報價技巧

對於案件的報價而言，其實有相關技巧必須關注並謹慎，其中報價有四大要點必須遵守，即可以完成初期價格守護。但前提必須先了解，客戶的預算及期望，我們將能更精準的進行報價。

需求明確／有 Demo 過才報價

對於沒有經過 Demo 也未釐清內部案況的案件，單純來電要報價單的客戶，通常建議一概不提供，避免成為客戶採購上需要的陪榜報價單，進而加快競爭對手的採購流程。提供報價之前建議，至少碰過面訪，談過內部情況（痛點、高層共識、時程、預算、採購流程）等，再斟酌是否提供。

讓價 532

假設今天定價 100 萬的產品，我目標 90 萬成交，則中間這差額的 10 萬，將它拆分成 10 等分，按照 532 的比例，進行有節奏的放價，將可以營造價格觸底的感覺，舉例：

- **第一次報價**

  「本次報價已經向內部爭取過，100 萬的價格，我們將優惠 5 萬作為您本次的報價，因產品本身成本其實相當高，希望您能感受到我們本次的誠意。」

- **第二次報價**

  「經過你們公司採購的多次詢問，我也寫了簽呈再向老闆申請一次，老闆說明了不二價，頂多再讓 3 萬塊，這價格真的已經觸底了，希望您能體諒我的難處。」

- **第三次報價（確定可簽約）**

  「我能理解目前還是覺得希望價格再低一些，但這真的沒空間了……不然這樣好了，如果現在能簽約且可以開立當月發票讓我們作帳，然後付款能夠當月付清，訂單您先簽，我拿客戶簽回的訂單給老闆看，如果老闆同意了，我再簽回去給您，如果老闆不同意，我再看看是不是拿我自己的獎金來想怎麼湊這 2 萬塊。」

讓價不過 3

讓價必須要有節奏，而且須依照上述的 532 比例依序讓價，讓客戶感受到價格底線的壓力；其中讓價如果超過 3 次以上，在客戶的認知中，業務通常已喪失信用；畢竟讓價超過 3 次，會給客戶一種，這業務永遠都有空間，永遠價格都有所保留的感覺，反而對於關單而言，難度更加提升。

01 報價不過三

02 報價 532

03 報價都有效期

關於報價的策略制定，無論針對 B2C 或 B2B，其實皆是相同的流程，然而必須嚴守報價前已設定好的讓價空間及退讓不超過三次的原則，且報價前其實也可以透過以下的問題，來判斷本次報價是否符合報價技巧的原則。

1. 我理解本次報價的價格結構以及公司能接受的成交價格帶。
2. 本次報價，我已經設定最多三次的讓價空間，讓後期進行議價有空間可進行退讓。
3. 本次報價，我有設定價格有效的期間，以利判斷客戶對於需求的真實性。
4. 本次報價的第一次出手價格，是經過競爭對手市價平均及過往成交價格的評估，進而可避免價格一出手即出局的窘境。
5. 我很清楚實際議價的人是誰。

針對實際議價的人，我一定會想辦法親自跟其解釋報價單內容，並讓他理解我們的價值跟價格的關係，而非一味地讓議價者僅透過價格來討論是否採購。

16-3 報價原則

- 報價次數不能過多。
- 報價的讓價必須讓客戶有感。
- 報價前營造的痛苦感受是必須的。
- 報價盡可能當面遞交及討論。
- 報價必須要讓客戶有急迫性。

每份報價單都是有時間限制的

為了讓客戶感受到你的價格其實是有跟原廠或內部高層爭取過的，通常會讓客戶理解此報價的有效期間，請它協助於到期前簽回。

議價的基本原則

1. 談判的對象必須有決定權。
2. 談判的對象是客戶而非公司內部主管（重要！）
3. 談判絕不能只是單方面的退步。
4. 談判前要釐清有哪些籌碼可以作為談判用。

議價的雙贏手法

01 準備籌碼

02 讓價就要求附加條件

03 談判對象最好是可以決定簽約的人

04 先簽約後成立的魅力

05 除了降低價格以外，有時延後客戶付款期限也具有高度吸引力

06 每一次讓價必須有時間差，而且讓客戶感受痛苦

16-4 報價技巧——實務案例

克里斯在業務操作經驗上，其實單就報價就有幾個不同的學習階段，從剛開始的報價一律都報 8 折，接著到了第二階段，開始透過訪談去判斷客戶有沒有經費，進而選擇報 9 折或是 7 折；但經過幾次報價在歷經後段的議價後，發現往往無法有效控制客戶最後的成交價，在幾次失敗案例後，我終於發現，原來控制成交金額的關鍵，就在於第一次報價時的策略擬定；透過前面講述的 532 實務技巧，再配合每一次報價及議價時的時程拿捏跟讓價痛苦感，可有效的去改善及控制讓價空間落在目標價位，是個相當好的方法。

所以當後續面對報價時，別再透過一貫的經驗或是印象來報價，經過設定好的報價策略，盡可能地做好一個細節，將可以提高每一次的訂單成交價格外，也可以讓客戶感受到讓價的幫助及節奏感，是一個可造成雙贏的重要技巧。

報價技巧的主要目的，其實在於創造採購甲方及乙方的雙贏局面，可滿足採購方的議價需求，並能判斷已滿意的價格外，如為 B2B，更可以因為採購的 KPI 即由議價金額多寡而定，則更可能用退讓來滿足工作目標的需求。

然而報價技巧，也可確保銷售方用合理或毛利較佳的金額銷售，避免有些訂單因報價技巧問題，落入了已經報價報到了公司能承擔的底線，甚至可能賠本，但客戶卻無法感受到，僅認為業務人員報高價想賺取獎金，如造成此部分的疑慮，多半問題須回歸到報價一開始的設計原則。

當然也有一種特殊情況是，該客戶為老客戶，因過往銷售過的價格相當低廉，導致承接的銷售人員價格無法抬升，在此情況下，價格想拉起來，的確有相當困難，建議透過價格以外的其他新增服務或價值，來試圖說服客戶理解，否則屆時因公司成本提升但報價卻無法拉抬，導致賠本銷售，甚至直接放棄老客戶的長期經營，也是一種相當可惜的做法。

第十七章
客戶疑慮排除技巧篇

17-1 客戶疑慮排除前的自我檢視

1. 通常當客戶看完 Demo，我可以完全解決他的任何疑慮？
2. 如果有疑慮產生，我通常可以有很多種方式，可以消除客戶的疑慮。
3. 通常我可以猜測客戶的所有疑慮有哪些？

結束完 Demo 及取得報價的客戶，接近採購階段會容易開始有相當的問題衍生，導致方案無法聚焦甚至發散；當然，有些時候問題的衍生，也可能是為了議價而刻意的找出疑慮來挑戰業務。

對於一般客戶通常有哪些疑慮，甚至於如何排除，我們將可能的問題條列出來讓讀者釐清。

疑慮排除技巧，其實是業務工作中，個人認為最具挑戰的一項工作，因大部分的訂單成交與否，幾乎都是落在這個環節，換句話說，大部分的商機案件如果生變，絕大多數也都是敗在這個重點環節。

其中，疑慮排除技巧通常會用在何時呢？我們將這技巧應用的時機點列出來，讓讀者釐清這重要的技巧如何展開使用。

疑慮排除的時間點

1. 競爭對手進入，並提出我方相對劣勢的可能事實，來影響買方購買的評估方向。
2. 客戶評估是否購買時，自行查詢到不利於我方產品推進的相關資訊。
3. 決策人在評估過程，詢問朋友或是同業，得到相當不利於我方產品或方案的資訊。
4. 客戶在評估過程中，認為評估的產品或方案都大同小異，遲遲無法做出決定。
5. 決策人在評估過程中，認為的確有產品或方案需求，但沒有急迫性，故遲遲無法做出決定。
6. 客戶在最後議價環節，認為我方產品或方案不應該如此昂貴，進而無法做出決定。

以上皆是一般業務案件推進中，常見的客戶疑慮，如有辦法順利排除，則訂單理當應順利推進，但其中有一個前提是，我們業務單位必須「即時動態的掌握客戶真實的疑慮」，此為本章節技巧上能夠事半功倍的關鍵點。

17-2 客戶採購疑慮排除技巧

通常客戶在了解完產品 Demo 及報價後，內部經過討論，會開始出現不一樣的聲音，可能存在著正負兩方的看法，更可能這些問題會出現在高層質疑評估需求提出者的評估細膩度，所以通常對於內部採購與否的討論，身為業務的你，必須要能夠精準掌握並執行後續行動，切勿靜觀其變；否則當案件有競爭對手時，此時案件掉單的機會將大幅度提升。

針對疑慮排除，一般透過訪談，客戶大概都會有以下問題，條列如下方供讀者參考：

- 市場上的 A 方案／產品，有哪些優勢跟特點？
- 跟客戶相同的產業或規模差不多的企業，也有在使用 A 方案／產品嗎？
  - 同產業成功案例、類似規模的成功案例……
- 如果要進行挑選，A 方案／產品跟其他同質方案／產品有哪些差異？
  - 功能差異、價格差異……
- A 方案／產品的採購及合作前及導入後，客戶內部需要預先進行哪些準備？
  - 人員、軟硬體配置、其他資源……？
- 如要進行廠商挑選，與我方同質的廠商有哪些差異？
  - 公司規模、人員專業度、輔導經驗、同行業成功案例等
- A 方案／產品的導入，對客戶方而言是投資嗎？還是有可能只是單純的支出，後續無太大效益產生？
  - 導入方案／產品的投資報酬率換算表、導入後的效益產生金額換算
- 客戶內部提出，需再進行彙整及比較報告書製作，我方能提供哪些資訊？以利客戶能完整跟內部討論或向高層送簽請購流程？

17-3 疑慮排除——實務案例

疑慮排除在業務銷售技巧內，可說是一門相當高深的技術，尤其當遇到競爭對手的強力競爭時，疑慮排除能力越強，越可以將對手拋諸腦後，甚至於可以銷售出一個漂亮的成交價格。

而疑慮排除能力的養成，必須在業務工作中養成習慣，究竟是什麼樣的習慣呢？克里斯的個人經驗是「製作高品質文件的習慣」，無論是郵件、PowerPoint、投資報酬率 Excel 試算表或是會議記錄 LOU 等，唯有長期養成製作高品質文件的習慣，才能在客戶有疑慮時，能夠提出結合「質感」與「影響客戶購買的關鍵內容」、「關鍵差異比較」等資訊，讓銷售過程除了與窗口的「關係力」外，再加上一層「文件力」，必然可讓客戶排除疑慮的速度加快，並對我方提升更高的信賴度與明確的採購意向。

疑慮排除除了業務精準且具有說服力的說法外，其中提供的文件更是占了相當重要的角色，然而究竟提供哪一些文件能夠有所助益，我們條列下來供讀者理解。

疑慮排出常見文件

1. 產品或方案導入，能夠解決客戶的問題清單。
2. 產品或方案導入，能夠產生的投資報酬率計算表。
3. 詳細條列客戶需求及我方協助事項會議記錄。
4. 同行或同類型客戶的過往成功案例。
5. 公司明確的服務規劃、保固、服務承諾合約書等。
6. 我方產品或方案與同業的細部比較表——功能面、服務面、規模面、資歷面。
7. 我方輔導人員或業務人員的大客戶服務經歷或獲獎記錄。
8. 我方產品或方案輔導顧問的學經歷等。
9. 我方公司的服務架構圖以及組織人數。

第十八章
議價議約技巧篇

18-1 議價前的自我檢視

1. 對於議價，在我工作中從來沒輸過？
2. 失敗的議價經驗，我知道問題出在哪裡？
3. 如果我是主管，今天需要帶新人，我知道如何教育訓練議價流程？
4. 我認為議價的模式都是相同的，沒有其他區分方法？

議價訂約的過程中，時常會出現不同的窗口、時間或是議價形式，可能因此造成許多不同、甚至料想不到的議價結果；面對議價的流程，我們也可以標準化，將其加以分類並用細膩的手法進行操作。

議價通常是訂單要成交前的最後一哩路，要如何讓客戶及業務雙方都滿意，這裡頭隱含著許多必須明確且清晰的技巧。

議價前，有不少觀念是我們必須先釐清的，先將這些觀念跟原則設定好，才能在議價時得到良好的成果。

議價前須設定好的觀念及心法

1. 客戶無論如何，一定都會嫌產品貴，這是他們採購工作中的常見說詞。
2. 我們產品貴不貴，不應受限於同業報價，而是取決於我們的特殊價值——行業經驗、服務價值、產品價值、輔導人員價值等。
3. 客戶要價格，我們不一定需退讓，倘若我們退讓，一定要讓客戶感受到我們幫忙爭取的困難及辛苦，這是議價的關鍵！
4. 雙方議價一定是雙贏，客戶敢要價格，業務人員就必須敢要訂單回簽或是帳款即期付清，這樣雙方才會有所感，理解此談判是雙向連動的。
5. 議價要的不一定是價格，有時候可以用其他籌碼來談，像是贈送其他禮品、延長保固、增加服務天數、支票票期延長、上課或培訓人員增加等。
6. 我們議價的對象是客戶，而非主管；一聽到客戶進行議價，先別急著答應連忙找主管爭取價格，應先理解客戶的要求合理性，以及能否用其他我們有權限或成本相對低的籌碼，來爭取客戶訂單，確定雙方來往的條件後，真的難以有共識，我們再進行內部商議。

18-2 議價議約技巧

議價是一般業務工作中必然的流程，對於要如何做好一場完美的議價，則必須做足準備，而非一味地回去公司內部爭取更多的折扣給客戶。

議價的類型及準備工作，我們條列如下，供讀者參考使用：

雙方高層碰面議價

通常會走到雙方高層碰面議價的情況，原因往往在於客戶高層認為價格實在過高，且不相信業務可以給到最高折扣，業務基於希望趕快讓客戶簽署訂單，因而安排了雙方高層進行議價。

議價前的準備：

- 提供簡單的議價格式表，讓雙方高層不用花時間理解報價單，可快速進行議價程序。
- 準備以往與該客戶的成交價格資料。
- 提供以往與客戶成交價格較高的報價單，以利說服客戶。
- 提供內部主管該客戶高層的一些資訊——上過新聞／寫過文章／公司新聞等，以利話題準備。
- 想辦法透過關係取得客戶高層的目標價，以利屆時議價折扣不須退讓太多。

採購電話議價

對於內部流程較嚴謹的公司，通常會由採購來進行最後的議價作業，其中最常的方式為採購直接來電進行電話議價，在碰不到面、有需要進行討論的情況，有時反而容易因採購的態度強硬而業務趨於疲軟，價格因為失手而成交，是常見的情況；但只要議價前做好工作跟準備，也可以有很多不一樣的可能，進而說服採購窗口。

議價前的準備：

- 提供簡單的議價格式並寄發 Email，讓雙方不用花時間理解報價單，可快速進行議價程序。
- 準備以往與該客戶的成交價與本次價格的換算，並提出調高或調低的具體原因。
- 提供以往與客戶成交價格較高的報價單以利說服客戶。
- 想辦法透過關係取得客戶採購的目標價格，以利屆時議價折扣不須退讓太多。

窗口當面議價

當面議價通常是業務最喜愛的模式，一來可以建立客戶關係，二來可以透過現場的察言觀色來判斷，價格是否已接近客戶的目標價格；以下提供當面議價流程，作為當面議價的關鍵參考。

當面議價流程：寒暄→了解議價窗口背景／資歷／家鄉等→討論本次需求的緣由→我方產品／方案的優勢→業界多少人做使用→成功案例跟功能優勢→價值論述完畢後再進行議價作業→嚴守議價 532 及讓價不過 3 原則→討論價格外的籌碼（下方將介紹）→給予客戶時間壓力→盡可能現場簽約結束。

如案件達議價階段，根據實際案件的經驗而言，如可採主管與決策者碰面議價，效果會最為理想，原因有下方幾點考量，建議多加評估。

主管與決策者碰面談的議價好處

1. 直接接觸決策者，減少冗長的內部討論流程。
2. 現場直接議價簽約，避免訂單夜長夢多。
3. 主管跟決策者的碰面，通常能大幅提升客戶對於銷售方的信賴程度跟關係。
4. 雙方碰面有可能會聊到相關共同點，如家鄉、學校、同學、球友等，關係容易拉得更近。
5. 通常決策者時間都相當不易邀約，如果可邀約到，即表示對方確實有明確的採購需求，而非仍在討論階段。
6. 雙方高層碰面，常因信賴關係建立，可以大幅降低疑慮排除的準備工作及時間投入。

18-3 議價的其他籌碼與進退原則

議價當下的大原則必須是，絕非一味的退讓！當客戶跟我要價格，我就必須要跟客戶回相對應的籌碼，如我讓 1% 的價格，則我會要求窗口必須讓我今天簽回並開立即時支票，提前付款時間，這樣我才能有立場向我方高層爭取價格；透過上述的方式操作，我們才能營造出業務已經想盡辦法協助客戶爭取的氛圍；至於一般討論的籌碼大致如下，根據不同行業類型，可有不同的包裝：

- 付款條件——支票或電匯。
- 保固時間或維護合約的延長。
- 其他相關贈品贈送。
- 其他額外服務：上課、到府支援、顧問輔導等。

議價的籌碼多寡，通常業務人員需與公司進行細部確認，才足以確立籌碼的細項，針對不同籌碼互換，在談判上的話術規劃，我們提出下列語句供讀者參考。

談判模式「客戶要優惠價等籌碼，我方要報價單成立或票期」

客戶陳先生：張先生您好！報價單我看過了，覺得價格太高，相當不合理，如果價格不降價，我們可能就沒有合作機會了！請您思考一下！

業務張先生：陳先生您好，我相當理解您有價格上的需求，也感謝您對於我們的信賴！但坦白說，這價格確實已經低於市場行情，如果可行，我也可以提供一些以往成交的報價單給您了解，我們在這張報價單上的價格，真的已經是用盡全力了。還是說我這邊去協助爭取看是否可讓貴公司延後付款、培訓課程人數增加等優惠，盡可能一起幫您想辦法？

客戶陳先生：抱歉！付款期限對於我們公司不是問題，價格才是我們主要考量！

業務張先生：不然這樣……我這邊想辦法爭取看看，但我需要陳先生您這邊的協助，我會直接當面找老闆進行申請，但老闆通常都認為我就是個只會一直幫客戶爭取優惠，不幫公司的業務，再加上之前我曾經多次爭取價格給客戶……結果客戶沒簽單，造成老闆對我印象相當不好；所以我願意為了您再去嘗試一次，但需要您先幫我在手寫改好您目標價的報價單上簽名或用印，我直接跟老闆爭取您確定要的價格；但這邊須跟您報告，這張報價單必須要我的老闆同意，我才能簽名用印給您，如果老闆不同意……我可能只能請您幫忙了！

客戶陳先生：嗯……我想想！好吧！我先簽名給您，表示這價格是我公司要的，您再努力幫忙爭取，不然我想我們應該是沒有合作機會了。

業務張先生：好的！我等您的報價單回傳，我再趕緊跟內部做爭取，如果我的老闆同意，我再趕快回簽給您，謝謝！

以上情境是一般議價上，為了避免客戶一再無底線的向下議價，而要求客戶先簽署報價單的實務做法，一來可確保客戶的真實價格需求，二來倘若價格真的低過自身權限，進行我方內部討論時，也可以更加確認這訂單到底能不能承接。

18-4 簽約及合約注意事項

訂單簽署前，請務必確認，相關的付款條件、發票開立時間、出貨日等，是否已明確（如下圖），如果有進行報價單修改，則須雙方於修改處簽名，以避免後續爭議。

另如果雙方須走正式合約，則相關合約條文建議經由雙方法務修訂後，始進行用印，否則有時合約內容可能對於賣方相對不利，這方面也可能會有部分疑慮產生。

知識補充站

簽約時請務必注意，關於報價單的內容以及合約內容，通常實務上我們會建議在簽署時，與客戶釐清每一個合約內部的細項，像是產品數量、名稱、實施的範圍、導入說明書、時間規劃等（依產品不同則核對細項會有所不同）。

通常在業務銷售流程中，簽約也是一個容易出問題的環節，有時業務人員為了趕緊取得客戶簽署的訂單，而未跟客戶再次核對細節，造成後續許多延伸的驗收問題及品項不符，此時問題將不單單僅是合約重新簽署，可能演變成退貨或是雙方公司對簿公堂，這是一個對於買賣雙方都相當不利的情況，請業務人員務必關注此細節。

18-5 交貨後續注意事項

交貨環節可以說是後續性交易的關鍵重點，交貨必須要完整且服務妥當，避免給客戶售後跟售前反差很大的感覺，如有此狀態則後續恐怕很難再有二次合作機會；其中針對交貨注意事項條列如下：

- 必須與客戶清點交貨數量。
- 如有需要依公司服務內容安裝或施作，則須與客戶討論是否需協助。
- 說明保固時間或維護合約期間。
- 說明保固或維護合約可享有的所有服務內容及資源。
- 交貨當天寄發感謝函給客戶並提供售後服務窗口聯繫方式。
- 交貨後一週內以電話聯繫使用狀況。
- 交貨後每月至少一次電話聯繫客戶情況，是否有需要服務之處。

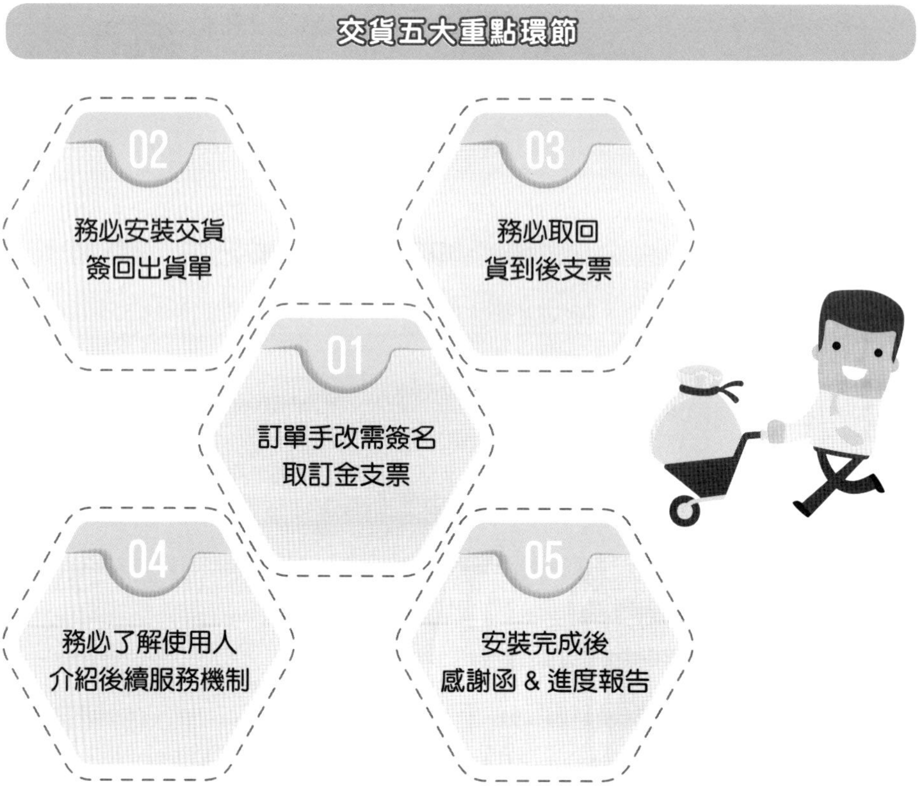

交貨五大重點環節

01 訂單手改需簽名 取訂金支票

02 務必安裝交貨 簽回出貨單

03 務必取回 貨到後支票

04 務必了解使用人 介紹後續服務機制

05 安裝完成後 感謝函 & 進度報告

有效建立長期訂單的循環

01

安排第一次交貨

02

每月去電一次給老闆，確認使用情況

03

每季至少去拜訪一次，維護客戶關係

04

年節記得關懷或小禮品維繫

05

記錄服務次數、內容、時間點，以利後續的維護費用或新購討論

18-6 議價議約技巧——實務案例

筆者還記得人生第一次跟客戶採購議價時，感到相當緊張且苦惱，面對客戶總是嫌價格太高，無法簽單；又在當月苦無業績的情況下，僅能苦苦哀求我的主管，能否價格再退讓至客戶的期望；而每當我取得更便宜的價格後，客戶卻又再告知，老闆想一想還是覺得太貴，希望再退讓至多少金額……，這樣一來一往的過程，的確令一個新人業務感到痛苦且亂無章法，而且最終會發現，原來當時的我，真正在進行談判的對象，其實是內部主管，而非客戶端。

真正的談判其實首要原則必須是雙贏，其前提在於透過雙方的共同讓步來取得共識，然後業務端能操作的讓步往往不僅只有價格，保固、培訓手冊、顧問天數、員工教育券、付款日期等等，其實有很多談判手法，甚至於如果價格真的過低，跟客戶商議改規格也是一個讓客戶感覺議價空間已觸底的技巧，所以「客戶敢跟我要價格，我就敢跟他要條件，甚至要求客戶立即簽約或確定想要的價格後預先簽約」，這可以說是業務議價的基本技巧，進而促成雙方都取得欲達成的目的，避免單方面的退讓而讓對方錯判，以為業務方仍有許多價格空間可以取得，這是實務技巧上必要的應用。

議價議約其實對於業務主管培訓，或是業務新人剛接觸此職務時，都是一個學習上不算容易的環節，所以在此建議業務人員在學習上，除了憑藉經驗累積外，在實際議價前，應跟主管或業務前輩進行所謂的「議價前演練」，事先演練各種狀況後，才不會因為一時緊張，而導致議價談判的劣勢形成，造成該訂單不可挽回的局勢。

議價前的演練應該包含哪些項目，克里斯條列如下，供讀者使用：

1. 客戶要價格，而我們已經沒有價格空間時，該用哪些籌碼來談？
2. 客戶不單純要價格，可接受其他籌碼時，我們該如何談？
3. 當客戶爭取優惠的同時，我們該如何也跟客戶爭取訂單簽回或是簽約後，全額付款？
4. 當客戶爭取優惠，但不願意協助我們簽回報價單或是簽約後全額付款。
5. 當客戶窗口議價時，表示後面還有採購主管跟老闆會再二次議價時（B2B 常見流程）。
6. 客戶議價時，表示只給一次報價機會，比同業低，就直接跟同業採購時。

以上初步條列議價時常見的情況，可發現議價時，各種突發需求其實很多，然而透過以上議價前的內部演練，可有效確保業務團隊在實戰時，能發揮一定程度的水準，讓我方談判上會不完全處於劣勢。

第十九章
業務完整銷售流程解析

19-1 業務銷售流程回顧

我們為了讓業務團隊人人都可以是頂尖，所以標準化細部的銷售流程，以利業務團隊管理、培訓，或是業務自身個人檢視自我狀態，皆可以透過下方流程圖進行審視及查核。

針對個別流程的要點

名單開發 → **區域檢查** → **Call / Visit** → **Demo 前** → **Demo 中** → **Demo 後** → **報價** → **疑慮排除** → **議價議約** → **簽約 / 合同** → **交貨 / 出貨單 / 支票**

名單開發
- 招聘網站
- 工業區
- 黃頁/工會
- …

區域檢查
- 報備衝突
- 區域衝突
- 方案使用地區
- …

Call / Visit
- Call技巧/服裝禮儀
- DM/補充文件
- 時間確認/有效窗口
- 共識/時程/預算
- …

Demo 前
- Call-訪談客戶
- Rehearsal
- 準備行業資料
- 文件力求質感

Demo 中
- LOU製作
- 判斷正反方
- 察言觀色/提問
- 共識/時程/預算
- 總結建議規格

Demo 後
- LOU/會後電訪
- 派系判斷
- 關鍵Key Man
- …

報價
- 報價策略明確
- 總價討論
- 準備好劇本
- …

疑慮排除
- 每2日追蹤客戶進度
- 工程/PM支援排除
- 技術疑慮結束力求關單
- …

議價議約
- 讓價不過3原則
- 讓價532原則
- 力求雙贏
- …

簽約 / 合同
- 修改處簽名
- 付款條件務必確定
- 訂金支票取回
- …

交貨 / 出貨單 / 支票
- 出貨安裝/出貨單簽回
- 取得貨後支票
- 介紹售後服務支援
- Email感謝函&安裝進度回報

明確的案況分析

- 專注窗口特質
- 完善價值論述
- 明確方案亮點
- 滿足客戶痛點

第二十章
精準的案況判斷技巧篇

20-1 案況判斷分析工具表

業務團隊的商機管理，對於主管或業務個人而言，往往是一個不小的挑戰；該如何評估目前案件的下一步？該如何確保目前自己的判斷是精準的？該如何跟主管或業務部屬溝通，來確保雙方對於案況的認知是一致的？

以下將提供一個案況評估的表單，來加以更準確地進行案況分析。

案況分析表

項目	內容
高層共識	
時程	
預算	
採購流程	
競爭對手	

窗口姓名	職稱	角色	影響力	對此採購案的看法	窗口的關係	採購案對窗口的具體好處是什麼？

20-2 案況分析表——使用技巧

窗口姓名：條列窗口的中英文姓名。

職稱：必須明確釐清其職稱。

角色：可分為下列四種：

- 拍板者
  每個銷售機會只有一個拍板者，重點是否為最後採購的決策人，具備資源調配及否決權。
- 使用者
  使用你銷售的產品／方案的人，其成敗將列為個人成敗關鍵，然而我們銷售的產品／方案是否能使用成功，也與其具高度的直接關係。
- 採購者
  此角色通常用來判斷方案規格及審核標準，沒有最終拍板的權力，但能針對規格不符合標準提出否決，是採購案把關者的角色。
- 指導者
  建議每個案件至少培養出一位指導者，可以提醒銷售人員銷售機會、內部流程、關鍵窗口、內部情況等資訊，銷售策略更加精準。

影響力：可分為高度、中度、低度對本案件的採購影響力。

對此採購案的看法：可分為四種：

- 正面支持
  採購的行動高，認為採購產品／方案對當前現況可以有所提升。
- 負面支持
  採購的行動高，認為如果不採購產品／方案，對當前現況可能有所衰退。
- 持平
  採購的行動低，認為改變與不改變之間，沒有什麼差別。
- 高度反對
  採取採購的行動機會為 0，認為內部發展狀態已相當好，不需要改變，也不需要聽取他人的建議。

窗口的關係：可分為以下五種狀態：

- 非常好
- 好
- 一般
- 不好
- 非常不好

採購案對窗口的具體好處是什麼？

此欄位主要目的，在於避免填表時，業務僅依賴著個人感覺而缺乏具體事實；此部分的狀態必須具體寫出前表內的填入原因，以及本案對於每個窗口的個人好處；其中關鍵必須是窗口親自說明過，而非由業務自行判斷其內容可能性。

業務團隊通常在進行業績預測或檢討會議時，最常針對既有商機進行相關的案件盤點，所以討論的基礎一切都將以「案況」作為依據，但由於討論「案況」時，每個人對於案件內資訊的調查及了解，常常不盡相同，也造成了業務團隊在管理上，時常會有「案況不明」或「案況失真」，導致主管給錯了建議或是投入了錯誤的資源，此時可能造成案件會有更大的風險，甚至會有掉單的疑慮。

因此透過表單化的案況管理，可以有效的讓業務團隊在進行內部討論時，都在同一個基礎資訊架構下進行了解，一來可避免資訊的遺漏，二來也可幫助業務人員理解案況的調查架構。

然而案況這部分，我們採用最為複雜的 B2B 案件架構進行評估，如讀者的銷售模式為 B2C 的話，建議可簡化以下欄位進行分析即可。

- 購買決策者意願
- 購買時程規劃
- 購買預算
- 評估有哪些競爭產品

至於下一頁案況分析表中的個別窗口分析則建議可以忽略使用，較符合一般銷售流程單純的 B2C 模式。

20-3 案況分析表——填寫範例

案況分析表						
項目	內容					
高層共識	總經理與董事長尚未有採購共識					
時程	研發主管預計今年Q3完成評估，提出報告給總經理					
預算	部門估計有300萬左右的預算					
採購流程	研發工程師寫報告→研發主管提出需求→總經理&董事長評估→採購進行議價→總經理簽署訂單→採購寄發採購單給廠商					
競爭對手	目前尚無					
窗口姓名	職稱	角色	影響力	對此採購案的看法	窗口的關係	採購案對窗口的具體好處是什麼？
Andy	總經理	拍板者	高	不需要	中立	能提升公司績效，但總經理尚未有感覺到
Wilson	採購經理	採購者	低	中立	反方	無明確好處
Tim	研發工程師	使用者	低	需要	正方	可增加研發設計的效率
Toby	研發經理	指導者	中	非常需要	正方	能讓研發部門的設計效率提升

案況分析想法

本案良好之處在於有明確的時程、預算、採購流程，且尚無競爭對手；其中本案使用者及部門主管皆為（正方）高度支持者，且有 Toby 在內部擔任案件指導者的角色，協助案件跟進。

但最主要不利之處在於，高層對於本採購案尚未有想法，甚至於從上表中可看出，高層認為無需求；其中採購經理也為反方，認為對他個人無明確好處。

另外 Toby 雖然為指導者，但其對於本案的影響力相對來說僅有中度，仍無法有效的影響本案進而採購。

建議做法

1. 想辦法拉近與總經理的關係從中立轉至正方。
2. 盡可能請研發經理轉介有高度影響力的窗口，讓我們透過其進而影響總經理。
3. 如已轉至有高度影響力的窗口後，再進而讓總經理對採購案的看法轉為需要。
4. 消除採購反方的關係，只要不影響後續規格跟採購進度即可。

Date ______/______/______

第二十一章

看穿人性及特質是成交的重要關鍵——性格特質分析法

21-1 學習完銷售技巧後的自我檢視

1. 我已經完全理解了 B2B 每一個業務的銷售環節。
2. 針對每一個環節，我可以很細膩的盤點需要關注的細節。
3. 我覺得完全落實本書的每個環節後，就有信心絕對可以當一個 Top Sales。

最後，其實除了上述的每一個細部環節之外，筆者再額外提供兩個關注訂單成敗的業務技巧，分別是「窗口特質的判斷及進攻技巧」&「銷售的簡報技巧」。

在學習完整體銷售流程技巧後，我們原則上對於銷售的技能精進跟方向已經相當明確，但熟悉完流程後，我們業務團隊下一個階段應該精進的分別是什麼技巧呢？答案是對於人性的洞悉，在標準化完整的銷售流程後，下一階段即為針對不同的窗口人格特質，採用不同的因應策略及方法，如此搭配方為最完善的業務技能精進。

然而從一般業務到業績 Top 1 的業務，通常在習得銷售流程並徹底執行後，往往可以獲取不錯的成績，但如果希望可以更上一層樓，搭配人性的洞悉，將可以讓案況判斷及推進上，更有水到渠成的功效。

透過人格特質四型的快速判斷跟分析，則可以應用理想的方式因應，至於如何判斷窗口特質，我們可以應用以下幾個觀察點：

1. 熱情程度。
2. 內向外向的程度。
3. 對於細節的要求程度。
4. 對於重點的要求程度。
5. 對於時間的倉促程度。
6. 耐心的程度。
7. 做事情效率的程度。

21-2 窗口特質的判斷及進攻技巧

一般銷售過程中，遇到窗口往往需要判斷其人格特質，進而判斷如何的對應方式，才足以有效的經營窗口，並取得重要資訊及關係建立；針對一般窗口的特性，筆者初步條列成四種類型：

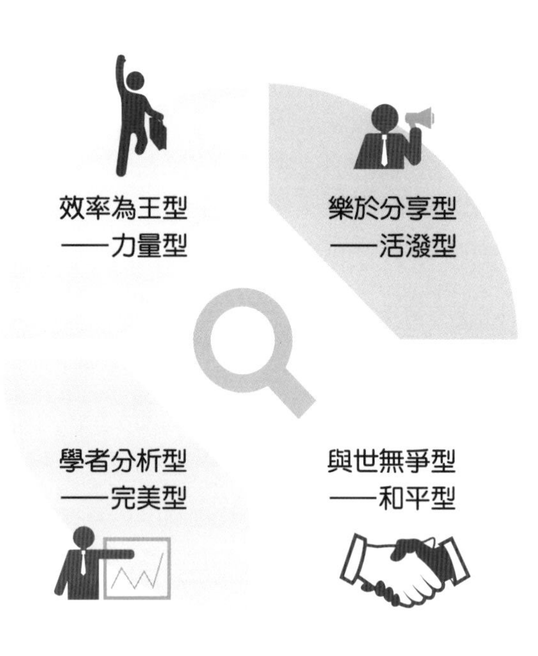

效率為王型——力量型

窗口特質：

- 喜歡主導整個事情的發展方式
- 說話用字簡短，注重溝通效率
- 坦率，說話直接了當，一針見血
- 不受情緒干擾

應對方法：

此類型窗口通常為公司高階主管或老闆，對於事情的溝通方式力求簡短並直接條列重點，沒有重點、冗長或無關他需求的談話部分，會顯得較沒耐心，甚至於直接中斷對話。

最理想的因應方式在於能夠真正了解客戶需求，並且用最簡短的方式說明他所需的內容，方可讓此類型窗口感到相處愉快。

樂於分享型——活潑型

窗口特質：

- 積極樂觀
- 喜歡新鮮，變化和刺激
- 才思敏捷，善於表達
- 樂於分享觀點

應對方法：

多加詢問其觀點及內部訊息，能夠探詢多少訊息，盡量探詢，但必須牢記此特質的人有時說明的內容，並非全部都是客觀事實，有可能是主觀看法；是很好的資訊提供者，但也是需要嚴謹過濾資訊正確性的消息來源者。

多請教可激發此類型窗口的表達慾望，是個應對良方，並且可嘗試說服其協助業務進行一些內部工作，有高度機會成為案件的指導員。

學者分析型——完美型

窗口特質：

- 善於分析，做事嚴謹
- 品質至上，一絲不苟的執行工作
- 喜歡探究及根據事實做判斷
- 強調制度、規範、程序等制式化流程

應對方法：

此類窗口他們最在意的是如何的決策流程可以有效降低其風險；所以針對此類特質的人評估時，應盡可能提供白紙黑字的憑據、相關文件、成功案例、比較表、同行業有哪些使用者、導入方案後的投資報酬率等，才能夠有效說服此類型窗口。

如果是不擅於製作文件的業務，對應於此類型窗口很容易倍感吃力，此時應多尋求內部資源協助跟進，或是強化自身文件製作能力。

與世無爭型——和平型

窗口特質：

- 寬容處事，容易接納他人建議
- 慢條斯理，不疾不徐
- 耐心傾聽，奉行中庸之道
- 避免衝突，注重雙贏

應對方法：

此類型窗口也是個不錯的消息來源者，但訊息透漏通常點到為止，且不容易因為業務要求，而進行一些內部訊息的打聽或協助提需求；以案況推進來說，對於業務而言，算是相對被動的窗口，更不容易引起其需求。

面對此類型窗口，建議先將關係建立並培養人情，適時施予小惠或協助，容易讓此類型窗口基於人情考量，而協助一些案況資訊的探尋。

因應方法結論

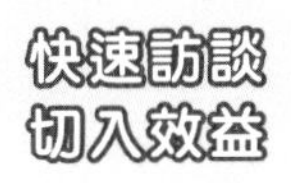

效率為王型
——力量型

樂於分享型
——活潑型

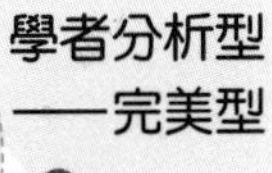

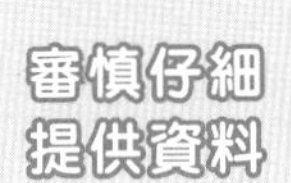

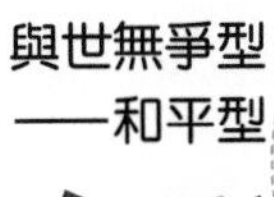

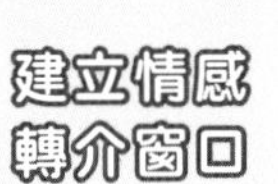

Date _____/_____/_____

第二十二章
「結語」成為頂尖業務的關鍵

22-1 成為頂尖業務的關鍵

選擇業務工作是相當辛苦但滿是成就感的職務，主要的成就來自比起一般職務，更能加快速的累積財富及人脈，並且可以讓工作時間更加彈性與活潑，如能夠樂在銷售工作中又能賺到大筆財富，這絕對是人生的一大樂事！

然而，業務工作成長的過程，過往傳統的模式，總是採師徒機制並且靠經驗累積，但這樣的節奏確實可以滿足你成長的需求嗎？

有朝一日榮升至業務團隊主管，你的經驗足夠因應團隊夥伴各式各樣的樣況嗎？並且是否能夠有系統架構的來培訓業務團隊或檢視成員的能力？

經過筆者的經驗，其實以上問題都是我們常見但不見得有解決方法；經過個人的 Top Sales 業務銷售經驗，以及管理 7 個辦公室且超過 100 人的銷售團隊中所累積的，而且個人一共培訓出至少 3 位 Top Sales，在這過程，最終找到了一套完整的業務學習系統。

所以想成為 Top Sales 快速的累積財富及工作技能嗎？別再倚賴傳統的「經驗累積」了，熟讀本書的每一個環節，並進行細膩的案件操作及掌握，從客戶窗口的挖掘、約訪並從中關注客戶痛點，説明客戶想要得到的好處並結合產品優勢，提供相關成功案例證明，並會後進行 LOU 的後續工作時程追蹤，持續關注客戶窗口特質及案況發展，並落實完整的議價議約及簽約技巧，方可務實的達成客戶需求與個人銷售目標，讓滿足客戶的成就感結合個人的獲利達成，這就是業務工作最吸引人，也是本書給予每位銷售人員在實務上的核心價值。

最後，在這個資訊快速傳遞的年代，有眾多的平台可以展現自我價值，所以「我們不再有懷才不遇的問題，我們只會有懷才不足的問題！」作為一個銷售人員，看完本書後，請問：距離成為一位 Top Sales，你覺得自己是懷才不遇，還是懷才不足呢？讓我們用行動的改變來證明自己的價值！

每一位銷售團隊讀者們，讓我們一起為自己的人生成就，還有獎金收入持續奮戰吧！

業務夥伴們，Fight ！！！

第二十三章
業務主管管理技巧篇

23-1 業務團隊的招募面試技巧

23-2 業務團隊的管理技巧

23-3 市場的劃分方法

23-4 頂尖業務的養成藍圖

23-5 業務團隊領導的面談五大法則

23-6 成功案例

23-1 業務團隊的招募面試技巧

簡單三招，輕鬆完成招募面試工作！

相信對於不少主管而言，第一次面試應聘者，都想過以下問題——「究竟該問哪些問題？」、「該如何看出應試者的真實想法？」、「工作能力有沒有可能在面試過程中就精準評估？」。

對於筆者而言，也透過諸多的經驗及前輩請益，彙整出來一系列的面試問題技巧，供各位面試官善加利用。

透過以下簡單的三招，讓我們快速輕鬆的完成一場精準面試。

第一招　工作經歷及專業能力概述

1. 請簡單介紹一下你自己，你的工作經驗、教育背景及專業能力。

- 關於原先職位，你的主要職責及工作是什麼？
- 原先職務中，你的代表作是什麼？
- 你離開原先職務的原因？認為原先公司最應改善的是什麼？
- 有哪些原因促使你來爭取目前這個職務？

2. 你的職業目標是什麼？

- 原先工作中，你最喜歡的工作環節是什麼？
- 原先工作中，你最討厭的工作環節是什麼？
- 你的長期職業發展計畫是什麼？

第二招　綜合能力評估

1. 抗壓性

定義：面對挫折是否能維持專注、冷靜並且樂觀；遇到挑戰不放棄。

1.1 請你分享，在你的職業生涯或學習生活中，對你產生最大影響的一個變化是什麼？
- 如何的變化？
- 如何面對這個變化？
- 結果如何？符合預期嗎？再給你一次機會，會怎麼調整？

1.2 請分享一個，關於執行工作時，發生與目標失焦的情況？
- 如何的情況？
- 目標失焦的原因？
- 結果如何應對？
- 再給你一次機會，會怎麼調整？

1.3 請舉個實例說明，自己是如何與不同風格、個性、特質的人一起工作。
- 實例中，對象的人格特質是怎麼樣的？
- 你是如何與其一起工作？

- 你認為什麼樣的人最難合作？

1.4 請分享一個你在以往工作和學習中，犯過最大的錯誤。
- 當時的背景？
- 為何發生？
- 再給你一次機會，會如何調整？你從中學到了些什麼？

1.5 請敘述你認為最理想的工作環境。
- 最重要的部分是什麼？
- 讓你覺得最不舒服的環境是什麼？

2. 誠信原則

定義：在工作活動中，能夠信守諾言並遵守社會規範及企業價值觀。

2.1. 請舉例說明，你如何用盡全力來兑現你的一個非常重要的承諾。
- 如何的環境？
- 那個承諾的重要性？
- 你是如何辦到的？
- 結果如何？再給你一次機會，會如何調整？

2.2. 請分享一個例子，關於你為正在做的某件工作與個人價值觀有衝突。
- 如何的環境？
- 做了哪些事情？
- 結果如何？再給你一次機會，會如何調整？

2.3. 請舉一個例子，關於你不得不對客戶說「不」，或反對的意見。
- 客戶的要求為何？
- 你為什麼必須持反對意見？
- 結果如何？再給你一次機會，會如何調整？

2.4. 請分享，你最近一次承認犯錯是什麼情況？
- 如何的情境？
- 結果符合預期嗎？
- 再給你一次機會，會如何調整？

2.5. 請分享一個例子，關於你必須誠實面對工作的一些事項。即使這個工作事項很困難，但仍必須要面對。
- 如何的情境？
- 結果符合預期嗎？
- 再給你一次機會，會如何調整？

3. 判斷能力

定義：工作中的決策能否善用邏輯及資料分析，做出正確的決定。

3.1 請舉例曾經做過的一個決定，且這決定需要周延的考慮。
- 如何的情境？

- 決策過程為何？
- 再給你一次機會，會如何調整？

3.2 請舉例一個你在工作中，曾做出的成功決定。
- 如何的情境？
- 如何做這個決定的？
- 結果如何？再給你一次機會，會如何調整？

3.3 請舉例關於過去工作中，做過最艱難的決策。
- 如何的情境？
- 決策過程為何？
- 再給你一次機會，會如何調整？

3.4 請舉例當接受一個新挑戰或新職務，但你沒有任何經驗及相關知識。
- 如何的情境？
- 如何學習來因應工作需求？
- 再給你一次機會，會如何調整？

3.5 請分享一個你曾做過的決定，當時看來不錯，但事後評估發現它並不是最好。
- 如何的情境？
- 決策過程為何？
- 再給你一次機會，會如何調整？

4. **責任感**

定義：個人是否願意承擔責任，並為自己工作中的行動和決策負責。

4.1 請分享一個關於你是如何和客戶頻繁合作，來了解並滿足他們的需求。
- 如何的情境？
- 做了哪些事情？
- 結果是否符合預期？

4.2 請分享一個例子，你是如何克服困難來達成目標。
- 如何的情境？
- 你做了哪些事情？
- 結果是否符合預期？

4.3 請舉例你是如何排除困難，來幫助自己所處的團隊獲得成功。
- 如何的情境？
- 你做了哪些事情？
- 結果是否符合預期？

4.4 請舉例關於你的客戶或同事，給你的負面反饋。
- 如何的情境？
- 如何得到這個反饋？
- 你做了哪些事情？

- 結果是否符合預期？

4.5 請舉例關於你告訴同事或客戶，你犯的一個錯誤。
- 犯了一個什麼錯誤？
- 如何處理及告知同事或客戶？
- 結果是否符合預期？

5. 影響力

定義：使用價值觀、情感或運用理性的方式去影響或說服他人，並與他人獲得相當共識後，展開具體行動。

5.1 請舉例你提升團隊的士氣。
- 如何的情境？
- 如何來提升團隊？
- 結果是否符合預期？

5.2 請舉例關於你要進行一個非常艱難的簡報。
- 艱難的原因？
- 如何進行？
- 如何知道你簡報的成果好壞？

5.3 請舉例關於你有一個很棒的想法，可是得不到主管或老闆的支持。
- 什麼樣的想法？
- 做了哪些事情，來嘗試贏得老闆或主管的認同？
- 如何得知老闆或主管，對於你的想法是否滿意？

5.4 請舉例如何處理你和客戶或同事間的衝突？
- 如何的情境？
- 做了哪些事情？
- 結果是否符合預期？

5.5 請舉例你如何贏得內部同事的協助，來為客戶進行支援或服務。
- 客戶的需求？
- 如何與同事溝通關於客戶的需求？
- 結果如何？

6. 自我發展能力

定義：隨時更新自我的知識和技能領域，並不斷自我提升與學習。

6.1 你的優勢是什麼？
- 這優勢是如何來幫你達到目標的？
- 請舉例你如何運用優勢達到目標。做了哪些事情？

6.2 你的弱勢是什麼？
- 如何知道自己的弱勢？
- 做了哪些事情，來改善你的弱勢？

6.3 請舉例你在工作以外，如何來探詢機會提升個人業績。

- 這過程會遇到哪些困難？
- 遇到困難，你做了哪些事情？
- 結果是否符合預期？

6.4 最近一次自己提出，需要主管或同事給你反饋，是在什麼時候？
- 反饋得到了什麼？
- 如何對待這些反饋？

6.5 請舉例你如何在學習、個人專業領域方面的資訊變化。
- 請舉例會特別專注學習的書籍、社群網站、課程、外部組織之類的嗎？

第三招　計分評估 & 驗證

1. 計分評估表

工作經歷概述	得分 1~5 分
工作經驗	
職業目標	
能力	**得分 1~5 分**
抗壓性	
誠信	
事情判斷力	
責任感	
影響力及説服力	
自我發展能力	
總得分	/40
備註	

2. 驗證（Reference Check）

過往主管／推薦人	現任公司／職務	聯絡方式

透過以上三招，可完整了解應試者經驗相符性、各方面能力，並可透過最後的驗證推薦人聯繫，來了解面試者提供的內容與過往實際情況是否相符合，可謂一完善的簡單面試法循環。

23-2 業務團隊的管理技巧

業務團隊的管理，首重量化的數據分析，除業績指標可量化外，通常我們更加建議關注業績產生前的領先指標，如電話的開發數量、客戶拜訪的數量、實際產生 Demo 的數量，並可以評估去年同期的成長情況，以利進一步分析。

其中業務團隊的組織劃分，亦是一個常見的重大課題，究竟如何作拆分對於現行業務較有幫助，以下將進行分析說明。

業務團隊數據分析關鍵

活動量指標

- 電話開發數量：一天依行業開發需求，建議平均至少 20-30 通，其中須關注有效通話數量，即實際有聯繫到客戶並有案況更新者、未找到窗口或案況無更新者。
- 拜訪數量：一天依客戶遠近的規劃，建議盡量排同一區域客戶拜訪，建議一天至少 2-3 場拜訪為佳。
- Demo 數量：通常 Demo 是可能出現報價單環節的事前過程，所以 Demo 數量尤為重要，可依行業需求調整，建議每週至少 2 場，一個月至少 8 場較為理想。
- Demo 關單命中率：其中 Demo 建議須換算每位業務的關單命中率，當今天有業務大量 Demo 但轉成訂單的比例則過低時，則主管需進場協助判斷是否 Demo 環節有所疑慮，或是邀約商機不明確的 Demo 比例過高，進而造成關單率偏低。
- 業績 YOY 達成率：為確保觀察公司的業績成長狀態，建議至少需每月進行前三年同期的業績比較，以判斷目前業績狀態及業務表現是否出現差異。
- 業績 YTD 達成率：建議以年 YTD 及月 YTD 來評估，加以判斷年度總業績目標到本月的總達成率 & 本月度業績目標的達成率，以促使業務代表明確自己的業績缺口及判斷主管的管理時間分配重點。

- YOY（Year-on-year percentage），係指當期的數字相較去年同期數字增加或減少的數字或比例。
- YTD（Year To Date），係指從年初到今天的這段時間實際達成的數字或比例。

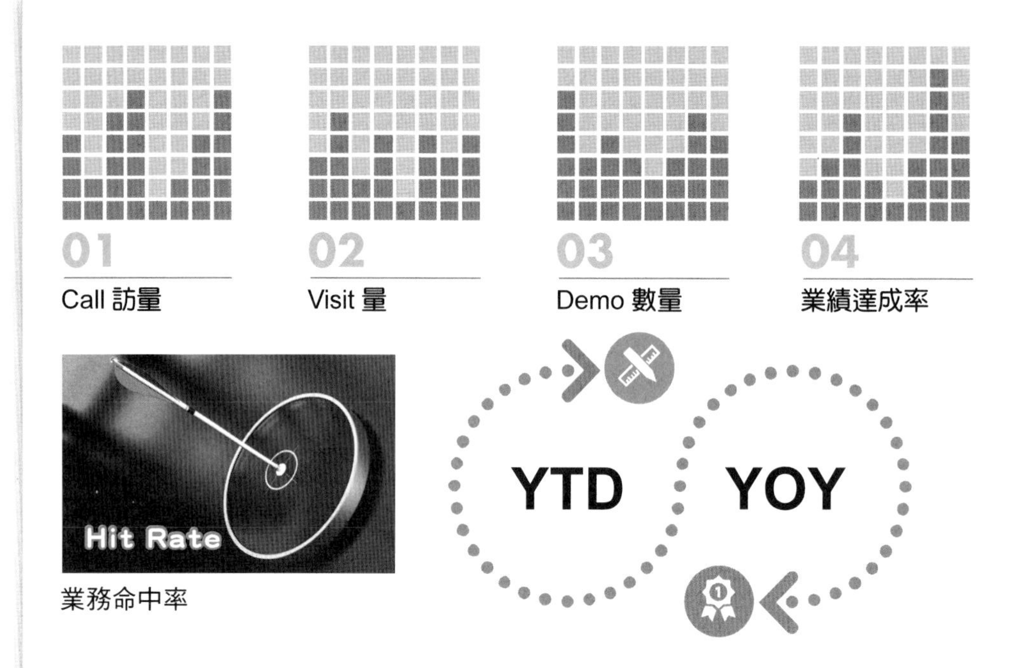

業務團隊的管理，其中需特別關注一切討論的依據，是否可以被量化，唯有量化的指標才能夠建立起追蹤機制，並可以進行加以分析。除業務團隊管理的數據分析外，這裡額外建議業務主管們，需額外關注的業務團隊相關指標，亦可協助主管團隊們快速診斷現階段的業務部門，是否還有相關資源需爭取及投入。

1. 銷售文件的完整性及簡報質感。
2. 產品對客戶進行銷售時，是否有投資報酬率換算表給客戶參考？
3. 每個產品是否都有讓業務單位可以快速學習的培訓影片或文件？
4. 針對難度較高的產品，是否有制式的銷售話術供業務仿效操作？
5. 針對市場上競爭對手價位及規格，是否都有完整的調查資訊？
6. 目前業務同仁的薪資及獎金水準，是否符合市場標準？
7. 獎金辦法的設計，是否能夠激勵銷售人員不斷衝刺業績？
8. 內部的服務團隊資源，是否可支撐業務團隊的售後服務？
9. 每位銷售是否都有足夠的產品知識跟顧問式銷售能力？
10. 每位銷售是否都已有本書提及的各銷售流程技能及人格特質判斷能力？

業務團隊的管理除了數據分析外，其實還有相當多需要關注的細節，也希望透過以上基礎診斷的要項提出，讓主管們能夠建立一個制度完善且資源到位的業務部門，讓業務團隊們盡可能衝刺業績而無過多的後顧之憂。

23-3 市場的劃分方法

區域拆分法

針對地理區域或縣市名稱來進行分類，是常見的地區劃分機制，惟劃分前須藉由過往經驗或行業聚落來評估，是否可盡量均勻的拆分給各業務，避免有人區域肥沃，有人區域貧瘠的情況。

產品別拆分法

通常採用此法的用意在於，公司有特定不容易上手的產品線，需專職專任並專注的開發，才足以透過業務其獨特的專業性及聚焦的開發方式，產生相關業績；其中需關注此法的產品線劃分，其銷售週期及金額是否足以養活一個業務，如果產品線以年度來看，不足以達到一個業務的年度預期收入，則建議至少再劃分一至兩條銷售週期短的產品線，以利其長久經營及生存。

大型客戶拆分法

通常採用此法原因在於，公司已有為數不小的大型客戶，且單一大型客戶可能可產生龐大的業績額，甚至已足以養活一位資深業務時，則為了深耕此類型部門或事業群龐雜的大型客戶，而劃分專職客戶專案經理職務，進行大型客戶的專注經營及深耕；其中此類型業務建議需兼具關係建立能力及產品專業規劃能力為佳，僅有單一的關係建立能力，可能商機需求挖掘不深，或僅有單一專業規劃能力，對於大型客戶的內部狀況及關係掌握不明確；故此類型業務建議惟優秀的資深業務或是儲備主管最為理想。

新老客戶拆分法

一般新老客戶的拆分方法，主要應用於當今天公司產品銷售有分階段，假設當 A 產品賣進去後，客戶過一段時間後就開始會有延伸的 A1、A2、A3 等需求，但又需要資深的業務開發，這時候就會讓具有衝勁的新進業務進行 A 品項的新客戶開發，當產品成功賣進去後，再轉由老客戶業務接手，進行後續 A1-A3 的商機經營及養成；通常此法為追求業務專業性，也可能搭配產業別分類以加深其專業度。

23-4 頂尖業務的養成藍圖

對於業務主管來説，人人都希望自身團隊能有頂尖的業務，可幫助團隊有龐大而穩定的業績產生，然而何謂頂尖業務？根據克里斯個人的團隊經驗，建議從以下四個評量標準來評估，作為一個頂尖業務的考核或養成路徑。

全方案知識專家

全方案知識並了解客戶需求

【培訓流程】

方案介紹→產業應用&客戶效益介紹→成功案例介紹→組織價值論述介紹→內部Demo考核演練→不斷持續

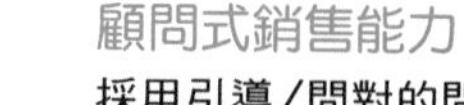

顧問式銷售能力

採用引導/問對的問題/不提產品的方式

【培訓流程】

出訪前討論→客戶端情境模擬及對答→跟案/銷售執行論述→會後檢討→找尋新方法→再次跟案

文件製作能力

同產業成案/導入規劃書/LOU/成案&導入說明/比較表

【培訓流程】

盤點業務對於客戶端CBI掌握程度→協助資源調派→審查文件質量→陪同至業務客戶端進行文件論述→會後檢討並找尋改善空間→不斷持續

多窗口經營能力

跨職能、職等、組織的窗口邀約

【培訓流程】

邀約話術討論→實際演練邀約→進行不同窗口邀約→窗口轉介紹→一次拜訪一間公司超過4位主管

關鍵業務問題（Critical Business Issue; CBI）泛指客戶痛點，係指客戶工作或生活上之不便及困擾處。

23-5 業務團隊領導的面談五大法則

首先針對業務團隊的管理，我們先從離職原因說起，一般業務同仁離職的因素，通常會是職涯規劃、家庭因素、健康因素、主管因素；其中業務團隊的帶領經驗，主管因素總是占最大部分，這也是為什麼業務部門中高階主管的領導面談技巧，需要獨立出一個章節進行說明的緣故。

離職因素

01 職涯規劃

02 家庭因素

03 健康因素

04 主管因素

然而業務主管管理團隊時，所需要養成的面談觀念在於，面試一個領導的過程，而非單純的業績檢討；所以在面談過程，我們會希望拆成六大原則進行說明。其中第一原則，主管們必須先讓欲面談的對象理解，他在公司及您的眼中，仍是被重視且具有價值的一員，先讓他放下預設主管與其對立的立場；第二原則則是說明您完全理解他的情緒，也跟他一樣感到沮喪跟難過；原則三，透過傾聽的方式，先讓面談對象說出面臨的問題、確認事情發生的原因、以及自己認為應該如何解決這個挑戰；接著進入到原則四，透過完整的面談者內心情緒、所需資源、個人想法等的深度了解，開始逐步的針對可以協助之部分，進行思考及想法上的交流，並提出明確建議及做法，絕非大方向的內容討論。原則五，在訪談結束前，明確並堅定的告訴面談者「我們一起努力改變跟嘗試，如果有遇到任何問題，我都在你後面支持你，加油！」並結束對話；進入最後的原則六，記得定時的關注該員表現並持續給予鼓勵及建議，此方為一個良好的主管領導及面談方法。

原則一：溝通須維持對談者自尊

原則二：維持高度同理心

原則三：討論是雙向的，須使對方參與其中

原則四：適當的分享個人觀點

原則五：表明支持的態度

原則六：持續關注後續發展

業務團隊的面談方法，其實對於業務單位的士氣跟人員穩定度會有相當直接的影響，以下我們用兩個情境來模擬實際的業務面談過程，讓各位理解具有領導與非領導效益的溝通模式。

模式一

業務主管：「Alex（業務員），你這個月的業績沒達標，我看你前面幾個月業績也都沒有達標，你知道問題出在哪裡嗎？有問題也不主動提讓我知道。坦白說，你業績再這樣下去，公司不養閒人，我真的很難跟你保證，你這份工作，我還可以保你多久？」

模式二

業務主管：「Alex（業務員），感謝你以往為部門的付出，其實你的努力，我都有看見也相當認可；但據我觀察，你這一陣子在業績表現上，似乎遇到了不少挑戰。我想了解一下，你最近生活上還好嗎？有沒有什麼我可以幫忙的地方？我很關心你的狀態，也希望可以了解是不是有什麼問題，這一陣子困擾你許多？如果有的話，儘管讓我知道，我會全力支持協助你。」

以上兩種模式，都是業務主管跟業務的面談開場，請問如果你是業務員，哪一種面談方式，當你面談結束離開會議室後，你會有動力願意為了主管或是部門繼續奮鬥業績？我想這在感受上不言而喻，當然管理的模式有很多種，但能夠探詢到業務團隊真實的底層問題，並且激勵他們不斷往前邁進，終將才是讓部門業績持續向上攀升的良好方法。

23-6 成功案例

當各位讀者看完前面諸多章節後，相信已發現實務上其實真的有太多細節的技巧；為了協助大家融會貫通，克里斯於最後提供一個較複雜的 B2B 成功案例，裡頭包含了諸多實務狀況與破解方法，供各位讀者進一步延伸理解。

當筆者過往經歷業務階段時，曾經承接北部的一個工業區域，惟當時該區域較少老客戶且長期無業績產生，故克里斯千思萬想試圖突破這窘境，從而找到了一個該區域及行業最大型的客戶，想辦法切入並開發商機，但當時詢問多數學長姊的開發經驗，皆表示該客戶總機非常會阻擋業務電話，每次打進去都會被擋下，一直無法找到正確窗口……。

基於上述情況，我採用了假裝人事單位跟我聯繫的應聘者方法，人資順利幫我轉到人事單位，到了人事單位，我再說明我要找的是研發主管，但總機似乎轉錯電話後，人事單位就很自然的幫忙轉電話到研發主管，因此第一關筆者透過不一樣的方法，順利找到正確窗口。（當時也設想，如果人資不願意轉，那只能開始採用亂按分機的開發方式，總能找到一位沒戒心的同仁，願意轉接電話。）

接著聯繫上研發主管後，該主管即表示：「我們沒有跟你們公司合作過，而且你們的解決方案在市場上市占並不高，我們公司是不會採用的。」隨即打算掛上電話……。

基於上述情況，我採用了客戶同業的案例分享法，吸引他的興趣，所以我回覆「其實我們過往在業界的確市占不高，但近期我們市占其實有了突破性驚人的成長，其中像是跟貴公司一樣屬於這行業的龍頭 XX 公司，他們有不少案件也是委託我們執行，甚至目前正在評估計畫使用我們的方案，如果有時間的話，我可以簡單跟您分享一下他們目前評估的原因跟想法，當作市場訊息的一些分享。」當聽到同業時，該主管感到興趣，認為沒道理同行已經在評估新的方案，所以便表示他們願意讓我們業務團隊拜訪，並希望介紹一下目前同行在評估的方案及現行做法，因此突破了無法邀約拜訪的窘境。

接著到了拜訪當下，我們業務團隊邀請了工程主管一起與會，到場人員除了一律穿著畢挺西裝外，帶去的文件資料一律都是研討會等級的規格，當客戶一進會議室看到我們準備的資料、簡報投影跟人員陣仗，不得不開口說一聲「你們公司感覺很專業，跟我以前想像中不太一樣」；開始進入到簡報階段，我們不單單是說明產品，而是先透過會議開始前 30 分鐘的訪談，了解客戶現行做法後，再緊接著說明同業目前更有效的做法分享，隨後展開公司服務團隊的架構、市場專業度及深耕程度，讓客戶信服。但在這時，客戶提出了一些觀點，希望我們能夠協助處理：

1.「我們公司的工程師已經習慣使用了 A 方案，突然要改變成 B 方案，我覺得有疑慮，我怕大家無法快速上手，進而影響工作效率。」
2.「聽 PPT 跟案例分享，感覺你們很專業，但因為沒有實際試用看看，不知道是否真的好用，我們必須要試用，才能進行後續採購可能的討論。」

基於以上客戶疑慮，我們展開了兩個疑慮排除的策略實施，其中由於試用並非公司允許的政策，因此我們跟客戶討論採用其案例，我們真實的協作，讓客戶理解其可用性；至於人員學不會的疑慮，我們採用了先安排一場他們案例的實作 Demo 教學，讓使用人員理解其實使用上蠻簡單，不複雜，進而讓主管層級放心。透過以上操作及説服，一個月的時間不但讓內部使用者對我們感到放心外，也透過案例的實作，客戶主管完全認同我們的可靠度，決定展開後續採購討論。

其中經我們業務團隊訪談客戶後，客戶主管最後透漏「我們有採購的機會，但採購的流程有三個關卡，一是我們使用方提需求，二是 IT 進行第一次議價，三是採購再進行第二次議價，所以流程上相當冗長且複雜，這部分可能是你們要預先理解的地方，我只能提出需求，後面採購與否，要看你們跟 IT 和採購的討論狀況而定。」案況走到這裡，我們開始進入報價階段。

基於探詢的客戶內部情況，所以我們一開始報價即設計了三層的讓價空間，避免一次讓到底線，最後造成業務賠本銷售但客戶也無法感受到好處的窘境；透過三層設計，我們向 IT 主管進行了第一次讓價，採購主管進行第二次讓價，看起來訂單問題不大，應該有機會走到成交階段。

接著，當採購議完價後，突然來電表示老闆有意見，認為他不知道這方案導入的效益在哪裡，而且我方競爭對手的老闆跟他們老闆熟識，表示我們產品有問題，建議暫時先壓住這採購案，並要研發跟 IT 主管再向其報告為何要採購我們方案；然而我們業務團隊隨即聯繫客戶主管，想安排當面説明，但該主管表示老闆並不希望廠商到場跟他當面介紹，希望我們能夠協助提供資料供他們匯報。後經筆者細部訪談主管，理解老闆本身是屬於學者分析型，所以文件的細膩度與可信度會是勝出關鍵。

基於以上疑慮排除的情況，我們立刻展開了文件製作及彙整，很慶幸的是每場會議我們都會有製作 LOU 會議記錄的習慣，裡面包含了客戶的問題、問題產生的原因、現行做法、我方建議及導入效益等，我們透過此記錄進行細部資料的延展，並製作了一份簡報，其上包含了過往成功案例、公司規模、服務團隊、對方案例實作結果、方案保固及服務説明、方案導入後的投資報酬率換算表、方案快速上手教學手冊以及我方方案與競爭對手方案的差異説明等。

最終透過了業務團隊很強的文件説服力，讓評估的客戶主管在內部完成了一場相當精彩的簡報，也讓對方老闆對於自家主管評估的細膩度刮目相看；透過這樣的文件製作，不但讓我們案件推進，也幫助了客戶主管在老闆面前有更好的印象，對於我們服務的執行力與專業度深感信賴。

當該訂單確定成交時，克里斯記得當時對方評估的研發主管是這麼說的：

「Chris，其實我從來沒想過你們家的產品有機會進來我們公司，坦白說我過往在其他公司服務時，曾聽過你們公司的負面傳聞；但因為你的服務態度跟同業案例分享，讓我不得不想了解一下同業在做什麼？而你專業的帶工程主管來說明並舉實際案例，甚至有 ROI 換算表……這些內容其實對我來說相當有說服力，因為降低成本其實也是我們研發的 KPI 之一，完全觸動到我想更換產品的想法。最後，坦白說，我沒看過任何一家廠商，穿著比你們整齊，簡報跟文件製作比你們專業，甚至我真的沒遇過業務會在 Demo 結束後，寄 LOU 這樣專業的文件記錄給我……你真的讓我對你們公司完全的佩服！」

以上是一個過往成功案件的分享，最後用幾個問題，讓我們來做一個反思：

1. 當有案件很重要，但同事都說這案件沒機會且無法開發時，你會選擇用什麼樣的思維來看待？
2. 當案件遇到客戶對你公司有不好印象時，你會如何來扭轉客戶印象？
3. 每一次出報價單前，我都會清楚客戶預算及議價流程嗎？
4. 當案件遇到客戶要砍三次價格時，你會如何設計你的報價單？
5. 當案件最後被最高決策者阻擋時，你會選擇用什麼樣的方式來突破？

「回想過往，是否有一些業務案件失敗過？

今日我們習得業務技巧後，如果可以再來一次，我會調整哪些細節？」

LOU　會議備忘錄 (Letter of Understanding)
ROI　投資報酬率 (Return on Investment)
KPI　關鍵績效指標 (Key Performance Indicators)
Demo　產品演示 (Demonstration)

職場專門店系列

培養菁英力，別讓職場對手發現你在看這些書！

3M79
圖解財務報表分析
定價：380元

3M61
打造No.1大商場
定價：630元

3M58
國際商展完全手
定價：380元

3M37
圖解式成功撰寫行銷企劃案
定價：450元

3M51
面試學
定價：280元

3M47
祕書力：主管的
能幫手就是你
定價：350元

491B
Bridge橋代誌：不動產買賣成交故事
定價：280元

3M84
圖解小資老闆集客行銷術
定價：400元

3M68
圖解會計學精華
定價：350元

491A
破除低薪魔咒：職場新鮮人必知的50個祕密
定價：220元

3M62
成功經理人下班後默默學的事：主管不傳的經理人必修課
定價：320元

3M85
圖解財務管理
定價：380元

3M83
圖解臉書內容行銷有撇步！突破Facebook粉絲團社群經營瓶頸
定價：360元

3M71
真想立刻去上班：悠遊職場16式
定價：280元

3M86
小資族存錢術：看
畫搞懂，90天養成
劃，3步驟擺脫月光
定價：280元

五南文化事業機構
WU-NAN CULTURE ENTERPRISE
地址：106 臺北市和平東路二段 339 號 4 樓
電話：02-27055066 轉 824、889 業務助理 林小姐

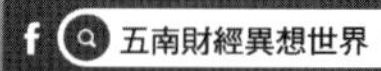

五南財經博雅書系

RA4A
名人鈔票故事館：
世界鈔票上的人物百科

RA45
鈔票的藝術

RM34
非洲鈔票故事館

RA44
遇見鈔票

RA49
亞洲鈔票故事館

RM38
漫畫+圖解財經數學：
學習經濟和商用數學
最容易上手的方法

RM37
當虛擬實境和
人工智慧齊步走

RM14
諾貝爾經濟學家的故事

RM15
老百姓經濟學

RM29
巷子口機率學

RM02
巷子口經濟學

RM30
締造美國經濟的33位巨人

五南文化事業機構
WU-NAN CULTURE ENTERPRISE
五南財經異想世界
106臺北市和平東路二段339號4樓
Tel：02-27055066 轉824、889 林小姐

國家圖書館出版品預行編目資料

圖解業務學：Top Sales主管的機密工作筆記 ／江勇慶著. ——初版. ——臺北市：書泉, 2020.09
面； 公分
ISBN 978-986-451-195-2（平裝）
1.銷售 2.職場成功法
496.5　　109010415

3M89

圖解業務學：Top Sales主管的機密工作筆記

作　　者－江勇慶
發 行 人－楊榮川
總 經 理－楊士清
總 編 輯－楊秀麗
主　　編－侯家嵐
責任編輯－侯家嵐、趙婕安
文字編輯－許宸瑞、鐘秀雲
內文排版－張淑貞
封面設計－王麗娟
發 行 者－書泉出版社
地　　址：106 台北市大安區和平東路二段 339 號 4 樓
電　　話：(02)2705-5066
傳　　真：(02)2706-6100
網　　址：http://www.wunan.com.tw
電子郵件：shuchuan@ shuchuan.com.tw
劃撥帳號：01303853
戶　　名：書泉出版社

總 經 銷：貿騰發賣股份有限公司
地　　址：23586 新北市中和區中正路 880 號 14 樓
電　　話：(02)8227-5988
傳　　真：(02)8227-5989
網　　址：http://www.namode.com

法律顧問　林勝安律師事務所　林勝安律師

出版日期　2020 年 9 月初版一刷
定　　價　新臺幣 220 元

經典永恆·名著常在

五十週年的獻禮——經典名著文庫

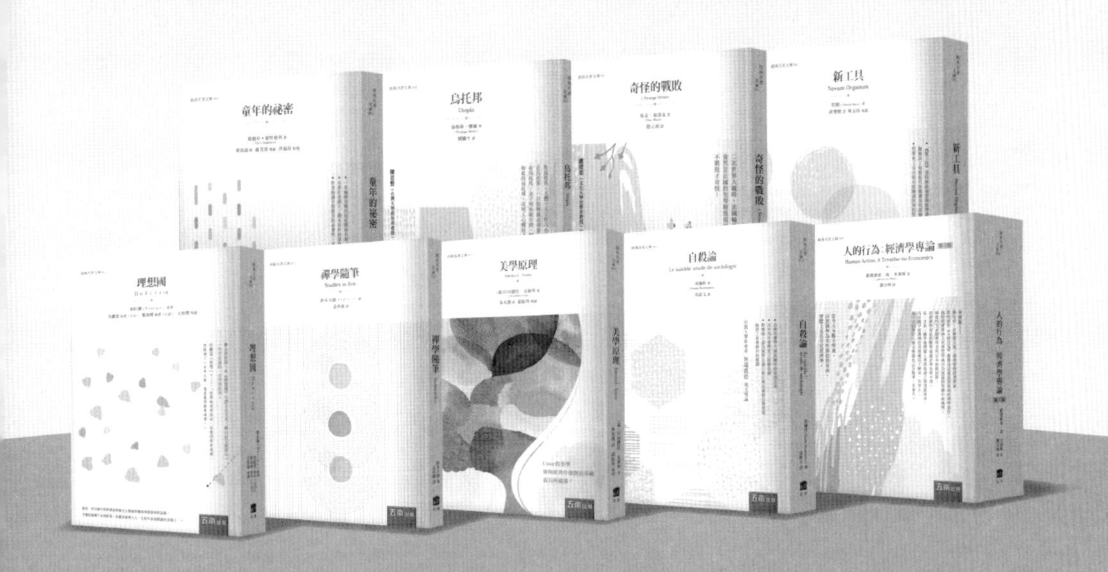

五南，五十年了，半個世紀，人生旅程的一大半，走過來了。
思索著，邁向百年的未來歷程，能為知識界、文化學術界作些什麼？
在速食文化的生態下，有什麼值得讓人雋永品味的？

歷代經典·當今名著，經過時間的洗禮，千錘百鍊，流傳至今，光芒耀人；
不僅使我們能領悟前人的智慧，同時也增深加廣我們思考的深度與視野。
我們決心投入巨資，有計畫的系統梳選，成立「經典名著文庫」，
希望收入古今中外思想性的、充滿睿智與獨見的經典、名著。
這是一項理想性的、永續性的巨大出版工程。
不在意讀者的眾寡，只考慮它的學術價值，力求完整展現先哲思想的軌跡；
為知識界開啟一片智慧之窗，營造一座百花綻放的世界文明公園，
任君遨遊、取菁吸蜜、嘉惠學子！